DIE GLÜCKSRITTER

TIME
LIFE
BÜCHER

VÖLKER DER WILDNIS
DIE GESCHICHTE DER LUFTFAHRT
DIE SEEFAHRER
DER ZWEITE WELTKRIEG
DIE KUNST DES KOCHENS
DER WILDE WESTEN
HANDBUCH DER GARTENKUNDE
MENSCHLICHES VERHALTEN
DIE GROSSEN STÄDTE
DIE HOHE SCHULE DER HANDARBEIT
DIE WILDNISSE DER WELT
DIE FRÜHZEIT DES MENSCHEN
DIE PHOTOGRAPHIE
DIE WELT DER KUNST
INTERNATIONALE SPEISEKARTE
ZEITALTER DER MENSCHHEIT
WUNDER DER WISSENSCHAFT
WUNDER DER NATUR
JUGENDBÜCHER
DAS GROSSE BUCH DES YACHTSPORTS
DAS GROSSE BUCH DER PHOTOGRAPHIE
LIFE IM KRIEG
LIFE IM KINO
DIE BESTEN PHOTOS AUS LIFE

Dieser Band gehört zu einer Serie, die der Wissenschaft und dem Abenteuer der Luftfahrt – vom ersten bemannten Ballonflug bis zum Jetzeitalter – gewidmet ist.

DIE GLÜCKSRITTER

von Sterling Seagrave

UND DER REDAKTION DER TIME-LIFE BÜCHER

TIME-LIFE BÜCHER, AMSTERDAM

DIE GESCHICHTE DER LUFTFAHRT

Redaktionsstab des Bandes
Die Glücksritter:
Redakteur: Jim Hicks
Designer: Donald S. Komai
Leiter der Dokumentation: W. Mark Hamilton
Bildredakteur: Marion F. Briggs
Textredakteur: Russell B. Adam
Vertragsautoren: Kevin D. Armstrong, Glenn Martin McNatt, David Thomson
Dokumentation: Roxie France, Dominick A. Pisano (leitend), Betty Ajemian, La Verle Berry, Melba Lajara
Assistent des Designers: Van W. Carney
Redaktionsassistent: Stafford Levon Battle
Design-Assistentin: Anne K. Du Vivier

Leitung der deutschen Redaktion:
Hans-Heinrich Wellmann
Textredaktion: Elvira Schneider

Fachberater für die deutsche Ausgabe:
Dr. Albrecht Lampe

Aus dem Englischen übertragen von Wulf Bergner

Korrespondenten: Elisabeth Kraemer (Bonn); Margot Hapgood, Dorothy Bacon, Lesly Coleman (London); Susan Jonas, Lucy T. Voulgaris (New York); Maria Vincenza Aloisi, Josephine du Brusle (Paris); Ann Natanson (Rom). Die Herausgeber danken ferner: Carolyn Montserrat (Barcelona); Martha Mader (Bonn); Enid Farmer (Boston); Brigid Grauman (Brüssel); Lance Keyworth (Helsinki); Marlin Levin (Jerusalem); Katrina van Duyn (Kopenhagen); Judy Aspinall, Jeremy Lawrence, Karin B. Pearce, Millicent Trowbridge (London); Cheryl Crooks (Los Angeles); Trini Bandres (Madrid); Laura Lopez (Mexico City); Carolyn T. Chubet, Miriam Hsia, Christina Lieberman (New York); M. T. Hirschkoff (Paris); Mimi Murphy (Rom); Janet Zich (San Francisco); Mary Johnson (Stockholm)

ISBN 9-06-182-592-x

DER AUTOR

Sterling Seagrave hat einen großen Teil seiner Kindheit in Burma verbracht, wo sein Vater, Dr. Gordon Seagrave, als Missionsarzt und Verfasser des Buches *Burma Surgeon* berühmt wurde. Als freiberuflicher Journalist berichtete Sterling Seagrave über die letzten Monate der kubanischen Revolution und kehrte später nach Asien zurück. Dort schrieb er für amerikanische Magazine. Er war Autor und Redakteur von Time-Life Büchern.

DIE BERATER für Die Glücksritter

Tom D. Crouch ist Kurator für Luftfahrt im National Air and Space Museum in Washington, D.C. Er hat an der Ohio State University zum Dr. phil. promoviert und ist Verfasser mehrerer Bücher und zahlreicher Artikel über Luftfahrtgeschichte.

John F. Guilmartin jr. ist Oberstleutnant der amerikanischen Luftwaffe und Fachmann für Militärgeschichte. Er ist Herausgeber der *Air University Review*, der Fachzeitschrift der Luftstreitkräfte, und Dozent für Taktik und Technologie an der Luftkriegsakademie und der Stabs- und Führungsakademie der amerikanischen Luftstreitkräfte.

DIE BERATER für Die Geschichte der Luftfahrt

Charles Harvard Gibbs-Smith, Mitglied des Wissenschaftsbeirats am Science Museum in London und emeritierter Kustos des Victoria and Albert Museum in London, hat rund 20 Bücher und zahlreiche Artikel geschrieben und herausgegeben, die sich mit der Geschichte der Luftfahrt befassen. 1978 wurde er zum ersten Lindbergh-Professor für Luft- und Raumfahrtgeschichte am National Air and Space Museum der Smithsonian Institution in Washington ernannt.

Dr. Hidemasa Kimura, Honorarprofessor der Nippon-Universität in Tokio, ist Verfasser zahlreicher Bücher über die Geschichte der Luftfahrt und ein bekannter Fachmann für Luftfahrttechnik und Flugzeugbau. Ein von ihm entworfenes Flugzeug stellte 1938 einen Weltrekord im Streckenflug auf.

VORSATZBLATT

Ein für den jungen Staat Biafra fliegender Schwarm MF I-9B Minicoins – mit Raketenbehältern für militärische Einsätze ausgerüstete kleine Sportflugzeuge – greift am 22. Mai 1969 im nigerianischen Bürgerkrieg einen Düsenjäger des sowjetischen Typs MIG 17 auf dem nigerianischen Flugplatz Port Harcourt an. Der Luftfahrtmaler John Young hat dieses Ölgemälde nach unmittelbar vor dem Luftangriff aufgenommenen Photos sowie nach Augenzeugenberichten über die Angriffe speziell für *Die Glücksritter* geschaffen.

INHALT

Flugakrobaten: die ersten Söldnerpiloten der Welt

Als die weitgereisten Piloten von John Moisants Flugzirkus im Februar 1911 im Südwesten der Vereinigten Staaten auf Tournee waren, hatten sie lediglich die Absicht, ihr gewohntes Kunstflugrepertoire vorzuführen. Statt dessen wurden sie – ohne es zu wollen – die ersten Söldnerpiloten der Welt: die Begründer eines langlebigen Berufs, der immer wieder Piloten anziehen sollte, die ebenso draufgängerisch wie sie selbst waren.

Als Moisants Truppe in El Paso, Texas, eintraf, lagen mexikanische Rebellen in der Nähe, jenseits des Rio Grande, und die mexikanische Regierung engagierte die Piloten für Aufklärungsflüge über deren Stellungen. René Simon, ein schneidiger Franzose, unternahm den ersten Flug, acht Monate vor dem – bekanntermaßen – ersten Kriegseinsatz eines Militärpiloten. Er und andere Piloten meldeten der mexikanischen Armee einige Tage lang ihre Beobachtungen. Sie hatten kaum Gefahren zu bestehen und betrachteten ihre militärischen Einsätze als bloße Zugabe zu ihren Kunstflugvorführungen. Aber ihre Nachfolger, die später als Söldnerpiloten für andere Staaten und in härteren Kriegen flogen, sollten feststellen, daß sie sich auf ein todernstes und riskantes Geschäft eingelassen hatten.

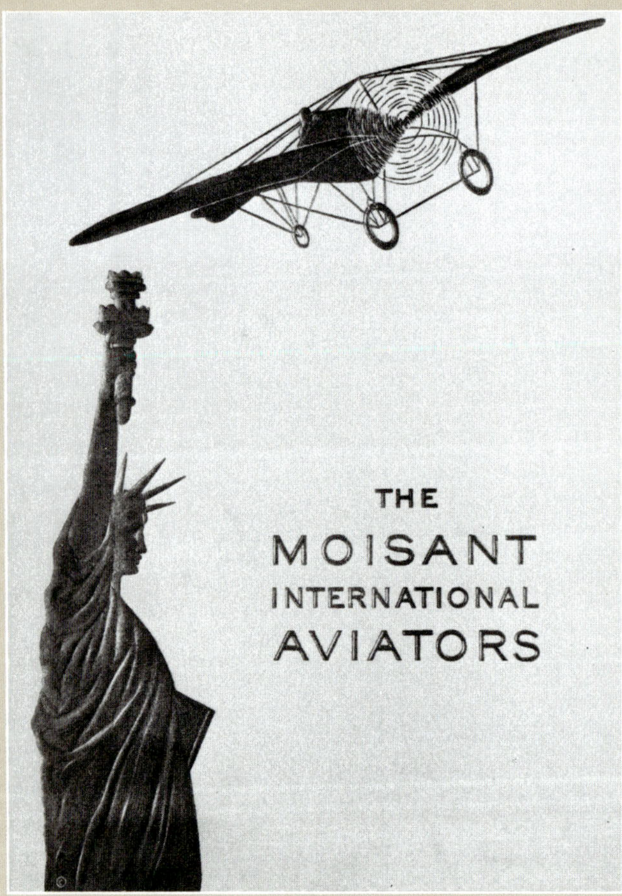

Auf einem Werbeplakat für seine Flugveranstaltung – deren Piloten aus vier Nationen stammten – überfliegt John Moisant die Freiheitsstatue.

Kurz bevor die Truppe nach El Paso weiterzieht, fliegt einer der Piloten Moisants bei einer Vorführung in San Antonio einen Scheinangriff auf Artillerie der US-Armee.

Simons Blériot-Eindecker überfliegt ein Tal, das Aufständischen unter dem mexikanischen Rebellenführer Pascual Orozco und ihren Tieren Schutz bietet.

René Simon, der als der „Tollkühne“ angekündigte beste Flieger der Schau, steht vor einem Blériot-Eindecker, mit dem Rebellenlager in der Nähe der mexikanischen Stadt Juárez erkundet wurden.

Mit René Simons Landsmann, dem Franzosen Roland Garros, am Steuerknüppel startet eine Blériot zu einem weiteren Aufklärungsflug. Um sich für den Fall einer Notlandung einen freundlichen Empfang zu sichern, warfen die Piloten über den mexikanischen Rebellen Zigaretten und Orangen ab. Die Aufständischen wußten die Geschenke und Flugvorführungen offenbar zu schätzen und schossen nicht auf die Maschinen.

Garros bastelt zwischen zwei Flügen an seiner Blériot herum. Später fühlte er sich in seinem Nationalstolz verletzt, da die Ehre, als erster ein Gefechtsfeld überflogen zu haben, einem amerikanischen Piloten aus Moisants Truppe, Charles Hamilton, und nicht seinem Freund und Landsmann René Simon zuerkannt wurde.

Kurz nachdem René Simon eine Serie von bahnbrechenden Aufklärungsflügen über Stellungen der Rebellen abgeschlossen hat, nimmt er im mexikanischen

Monterrey die Glückwünsche des mexikanischen Präsidenten Porfirio Diaz entgegen, dessen Regierung ein Vierteljahr später von den Aufständischen gestürzt wurde.

1

Luftabenteurer im Solde des Militärs

Der am 8. Februar 1913 über Ioannina, einer Stadt an einem griechischen Bergsee, wie ein in die Luft geworfener Strohhut schwankende, zerbrechlich wirkende Doppeldecker aus Sperrholz und Stoffbespannung schien außerstande zu sein, kriegerischen Schaden anzurichten. Aber die Griechen kämpften mit Unterstützung ihrer serbischen und bulgarischen Verbündeten gegen die osmanischen Türken, um sie vom Balkan zu vertreiben, und diese kleine Maschine flog einen kühnen Luftangriff gegen die türkische Garnison des Forts Beschani am Stadtrand. Am Steuer des bulgarischen Flugzeugs französischer Bauart saß ein wagemutiger russischer Pilot, der als N. de Sakoff in die Geschichte der Luftfahrt eingehen sollte.

Die meisten der in diesem Krieg gegen die Türken gerichteten Einsätze beschränkten sich auf Aufklärungsflüge, um gegnerische Bereitstellungen zu melden und Artillerieziele zu erkunden. Die zur Verfügung stehenden Maschinen waren jedoch im allgemeinen so klapperig, daß die Piloten sich bereits glücklich schätzten, wenn sie von Einsätzen, bei denen sie gar nicht selbst gekämpft hatten, lebend zurückkamen. Nur der verwegene Sakoff und sein Landsmann Koltschin waren tollkühn genug, mit ihren behelfsmäßigen Militärflugzeugen Luftangriffe zu versuchen.

Bei dem erwähnten Angriff führte Sakoff, der auf einem Holzsitz vor dem lärmenden Motor hockte, sechs kleine Bomben mit, die mit starken Schnüren an seine schweren Fliegerstiefel geknotet waren. Aus den spärlichen Berichten über Sakoffs Angriff scheint hervorzugehen, daß die Füße des Piloten über die Vorderkante der unteren Tragfläche hinausragten, auf der die Bomben rechts und links von ihm in Dreiergruppen lagen. Auf diese Weise konnte er beim Anflug auf Fort Beschani zwei Bomben vorsichtig an ihren Bindfäden hinunterlassen, so daß sie zwischen den Landekufen des Flugzeugs an seinen Stiefeln hingen. Dann brauchte Sakoff die Laufknoten nur noch durch einen Ruck seiner Füße zu lösen, damit die Bomben fielen. Das Hauptproblem war die Angriffshöhe. Um seine Bomben einigermaßen zielsicher werfen zu können, durfte er nicht höher als 150 Meter fliegen, was bedeutete, daß er dem vom Boden aus abgegebenen Gewehrfeuer ausgesetzt war.

Als er sich den Wällen des Forts Beschani näherte, schlug ihm das wütende Gewehrfeuer der türkischen Verteidiger entgegen. Zwei Kugeln durchschlugen die Tragflächen des Doppeldeckers, aber Sakoff ignorierte den Schaden und behielt seinen Kurs bei. Er überflog das Fort wahrscheinlich dreimal und ruckte dreimal mit den Füßen, um jeweils zwei technisch

Zwei amerikanische Söldnerpiloten, Dean Ivan Lamb mit einem Curtiss-Doppeldecker (vorn) und Phil Rader mit einer Christofferson, versuchen im Jahre 1913 am mexikanischen Himmel im vermutlich ersten Luftkampf der Welt in Schußposition zu gelangen, um einander zu vernichten.

einfache Bomben auszulösen. Bei einem Blick nach unten erkannte er, daß sein Angriff in der türkischen Garnison eine Panik hervorgerufen hatte.

Nachdem Sakoff die beiden letzten Bomben abgeworfen hatte, drehte er ab und flog mitten durch das heftige Abwehrfeuer davon. Aber auf dem Rückflug zu seinem etwa eine Flugstunde südlicher liegenden Stützpunkt bei Nikopolis entdeckte er, daß die Türken nicht nur ein paar Löcher in seine Tragflächen geschossen hatten. Der Motor des kleinen Flugzeugs stotterte plötzlich und blieb stehen, und als der russische Pilot sich nach dem hinter ihm angebrachten Falltank umdrehte, mußte er feststellen, daß der Tank getroffen und das Benzin ausgelaufen war.

Sakoff glückte eine Notlandung mit stehendem Motor bei Prevesa an der Küste des Ionischen Meeres. Dort reparierte er mit Hilfe von Einheimischen den beschädigten Falltank, tankte und konnte ohne allzu großen Zeitverlust weiterfliegen. Nach der Landung in Nikopolis berichtete er von seinem Luftangriff und schilderte den schlechten Zustand der Verteidigungsanlagen von Fort Beschani. Für die Griechen gab dieser Bericht schließlich den Ausschlag, einen Angriff zu wagen, und Ioannina befand sich einige Tage später in ihrer Hand.

Der Mann, dem die Griechen ihren Sieg verdankten, gehörte zu einem besonderen Typ von Kriegsfliegern. Im Gegensatz zu den Türken, die ihn abzuschießen versuchten, oder den Bulgaren, für die er diesen bemerkenswert erfolgreichen Angriff geflogen hatte, handelte Sakoff nicht aus Patriotismus. Als Militärpilot war er ein Söldner, der gegen ein gutes Entgelt für fremde Länder flog. Sakoff und sein Landsmann Koltschin gehörten zu den ersten einer langen Reihe von Glücksrittern der Lüfte, die sich aus eigenem Entschluß ihren Lebensunterhalt damit verdienten, daß sie in anderer Leute Kriege kämpften.

Glücksritter entdeckten das Geschäft mit dem Luftkrieg, sowie die Möglichkeit dazu bestand, ungefähr zu der Zeit, als die Streitkräfte der Großmächte sich für das Flugzeug als Waffe zu interessieren begannen. Als Sakoff seine Bomben warf, steckte die Fliegerei noch in den Kinderschuhen. Die Brüder Wright hatten ihren ersten Motorflug erst zehn Jahre zuvor geschafft, und das ganze Jahrzehnt über hatten Flugzeuge in erster Linie als Sportgeräte oder Versuchsmuster gegolten. Tatsächlich kann Sakoffs Angriff auf Fort Beschani als einer der frühesten Luftangriffe überhaupt gelten. (Der erste bekannte Bombenangriff von einem Flugzeug aus hatte sich nur zwei Jahre zuvor – im Jahre 1911 – ereignet: während einer kurzen Kriegshandlung zwischen Italien und der Türkei in Nordafrika, wo der Luftangriff ebenfalls den Türken gegolten hatte. Ein verwegener italienischer Offizier, der die türkischen Stellungen von einem Sportflugzeug aus erkundete, benutzte die Gelegenheit, um den verblüfften Feind mit vier kleinen Handbomben zu belegen.)

Einige Wochen nach Sakoffs Angriff sicherte Koltschin sich einen noch bemerkenswerteren Platz in der Geschichte der Luftfahrt, obwohl er auf diese Ehre zweifellos lieber verzichtet hätte. Koltschin wurde bei einem ähnlichen Bombenangriff aus niedriger Höhe von den Türken abgeschossen und war damit der erste Flieger, der im Luftkampf starb.

Hätte jemand Sakoff und Koltschin oder den vielen Söldnerpiloten, die ihnen nachfolgten, erzählt, daß sie eine Tradition fortsetzten, die bis in die Renaissance mit ihren Söldnertruppen unter den Condottieri bis zu den fahrenden Rittern des Mittelalters, die ihre Dienste verkauften oder für Gerechtigkeit oder Ehre kämpften, ohne Lohn zu fordern, und sogar bis zu den vielen Söldnern unter den Helden des griechischen Altertums zurückreichte, hätten die Piloten wahrscheinlich gelacht oder wären verlegen gewesen. Tatsächlich waren sie jedoch die Nachfolger dieser früheren

Auf diesem seltenen Photo eines der ersten russischen Söldnerpiloten sitzt N. Popoff aufmerksam am Steuer eines Wright-Doppeldeckers. Gemeinsam mit anderen Landsleuten flog Popoff im Jahre 1912 im ersten Balkankrieg für Bulgarien.

Glücksritter und handelten aus den gleichen Motiven. Sie flogen für Geld, und ihre Loyalität hielt meistens nur so lange an, wie ihre Auftraggeber sie bezahlen konnten. Aber für einige von ihnen spielte Geld nicht die Hauptrolle; viele der ausländischen Söldnerpiloten, die im Spanischen Bürgerkrieg auf republikanischer Seite flogen, waren Idealisten, die glaubten, für eine gerechte Sache zu kämpfen, obwohl sie nebenbei auch gut verdienten. Während viele der Flugzeugführer, die ihr Leben damit verbrachten, sich in obskuren Kriegen und unbedeutenden Revolutionen Kugeln um die Ohren pfeifen zu lassen, eigentlich echte Berufssoldaten waren, waren andere nur Abenteurer, die leidenschaftlich gern flogen und fast jeden Auftrag übernahmen, der ihnen Mut und ungewöhnliches fliegerisches Können abverlangte.

Die Wanderlust und Fliegerei waren so ziemlich die einzigen Gemeinsamkeiten der Söldnerpiloten. Unter ihnen gab es Eigenbrötler, Schurken, Renegaten und gebildete Gentlemen, Trinker, Taugenichtse und Söhne aus Patrizierfamilien, Romantiker und chronische Lügner, Altruisten und Gauner, Betrüger, Genies und vielleicht sogar einzelne Psychopathen.

Manchmal trafen mehrere dieser Kategorien auf einen einzigen Piloten zu. Ein Eigenbrötler und Genie war Claire Chennault, ein Luftkriegstheoretiker und ehemaliger Kunstflieger, dem es nicht gelang, die militärische Führung seines Heimatlandes von seinen radikalen Ideen für den Einsatz von Jagdflugzeugen zu überzeugen. Aber sein Ansatz erwies sich später durch die Leistungen seiner Söldnertruppe, den Flying Tigers, über den Dschungeln und Reisfeldern Burmas und Chinas als richtig. Chennault war der Überzeugung, der Söldner habe oft eine entscheidende Rolle zu spielen, und zitierte mit Vorliebe A. E. Housmans Gedicht „Nachruf auf ein Söldnerheer“:

Am Tag, an dem der Himmel fiel,
Zur Stunde, da das Fundament die Erde floh,
Folgten sie der käuflichen Berufung,
Empfingen ihren Sold und sind nun tot.

Auf ihren Schultern trugen sie den Himmel:
Sie hielten stand, und die Welt besteht.
Sie verteidigten, was Gott schon preisgegeben,
Und retteten uns für Gold und Geld.

Entlohnt wurden sie alle in irgendeiner Form. Und sie erwiesen sich mehr als einmal als „Retter in der Not“ – manchmal im Auftrag einer Großmacht, die sie anwarb, weil ein Einsatz der eigenen Luftstreitkräfte aus völkerrechtlichen oder moralischen Erwägungen nicht in Frage kam, manchmal aber auch im Dienst einer schwachen, bedrohten Regierung, die sich keine eigene Fliegertruppe leisten konnte. Und es gab andere Fälle, in denen Söldnerpiloten sich nicht einsetzten, um die Regierenden zu unterstützen, sondern um sie zu stürzen; sie flogen für revolutionäre Bewegungen. Unabhängig davon, wer sie besoldete, wurden jedoch nur wenige dieser Glücksritter durch das Fliegen reich, und diese wenigen verloren ihr Vermögen schnell wieder. Aber sie waren reich durch ihre Kenntnis von Dingen jenseits des Erfahrungshorizonts der meisten Menschen, und die von ihnen geschaffenen Legenden – von den Balkankriegen 1912/13 bis zum Fall Saigons im Jahre 1975 – sollten die Geschichte der Luftfahrt bis zum heutigen Tag beleben und bereichern.

In dem Jahrzehnt nach Sakoffs kühnem Luftangriff auf das Fort Beschani erlebte der Beruf des fliegenden Glücksritters einen ebenso raschen Aufschwung wie der Einsatz von Flugzeugen im Krieg. Söldnerpiloten kämpften für (und gegen) revolutionäre Armeen in Mexiko, ließen sich im Ersten Weltkrieg von Frankreich zum Kampf gegen die Deutschen anwerben, griffen reitende Berber in Nordafrika an und unterstützten im Jahre 1920 die polnische Armee beim Gegenangriff auf die Sowjetunion. Anfangs waren ihre Flugzeuge zerbrechlich wirkende Wunderwerke aus Holz, Spanndrähten und Bespannstoff – kastenförmige Maschinen von Farman, den Brüdern Wright und Voisin oder vogelförmige Apparate von Rumpler, Blériot und Nieuport. In diesen primitiven Flugzeugen entwickelten Söldnerpiloten die Technik der Luftkriegführung – einschließlich des Gebrauchs von Schußwaffen im Luftkampf zwischen Flugzeugen und der Verwendung von Bombenzielgeräten –, schon Jahre bevor die Militärs diese Erfindungen aufgriffen und die ersten kampffähigen Fliegertruppen zum Einsatz im Krieg gründeten.

Aber sie wurden weniger durch ihre Beiträge zur Fortentwicklung der Kriegführung bekannt (die in den meisten Fällen primitiv, wenn auch ingeniös waren und nur selten bis zur Perfektion weiterentwickelt wurden) als durch die romantische Vorstellung, die sich die Öffentlichkeit schon unmittelbar nach ihrem ersten Auftauchen am Himmel von ihnen machte. Sie wurden als schneidige Helden beneidet und bewundert, die ihr Glück hoch oben in der Luft machten, wie Adler über den blutigen Schlachtfeldern schwebten und nur gerade lange genug auf die Erde zurückkehrten, um schöne Damen in die Arme schließen, den Tank mit Whisky auffüllen und ihren Leibgurt mit Schulterriemen fester schnallen zu können – so und ähnlich lauteten jedenfalls die Legenden, die hauptsächlich von den Söldnern selbst in Umlauf gebracht wurden.

Etwa zur gleichen Zeit, als Sakoff seinen Luftangriff auf dem Balkan flog, entstanden solche Legenden auch auf der anderen Seite der Erde unter Piloten, die nach Süden zogen, um an der mexikanischen Revolution teilzunehmen. Die Situation in Mexiko war chaotisch. Das seit langem an der Macht befindliche Regime von Präsident Porfirio Diaz war im Jahre 1911 gestürzt worden; Diaz' Nachfolger wurde der Reformpolitiker Francisco Madero, der seinerseits von dem Usurpator Victoriano Huerta gestürzt wurde. Auf dem Lande schlossen Pancho Villa, Emiliano Zapata und andere Führer revolutionärer Gruppen sich unter General Venustiano Carranza zusammen, um den reaktionären Huerta zu stürzen. Für amerikanische und europäische Piloten, denen die mexikanische Innenpolitik fremd war, glich die rasche Aufeinanderfolge von Diktatoren und Rebellen allmählich einem operettenhaften Verwirrspiel, bei dem sie nur den Überblick behalten konnten, indem sie die Kontrahenten in zwei Parteien zusammenfaßten: die Regierungstruppen oder *federales* und die Rebellen.

Einige der nach Mexiko gegangenen ausländischen Piloten gaben offen zu, Abenteuer, Gefahr und leichtverdientes Geld gesucht und in reichlichem Maße gefunden zu haben. Andere wie John Hector Worden – ein für die *federales* fliegender Amerikaner – wurden eher durch Zufall Söldner. Aber durch seine Einsätze sammelte Worden Erfahrungen, die ihn später als den ersten Experten der Welt für die Verwendung von Flugzeugen zur Guerillabekämpfung bekannt machten.

Der im Jahre 1885 in New York City geborene Worden war ein Cherokee und besuchte die Carlisle Indian School in Pennsylvania. Auf einer Frankreichreise begeisterte er sich so sehr für die Fliegerei, daß er bei Blériot in Étampes Flugstunden nahm. Nachdem er im Jahre 1911 nach Manhattan zurückgekehrt war, vertiefte er seine Kenntnisse in der Moisant Aviation School in Garden City, Long Island, und fand bald eine Stelle als Fluglehrer in Galveston, Texas. Flugzeughersteller bemühten sich damals, jedermann zum Fliegen zu bringen und den neuen Flugbegeisterten ihre Maschinen zu verkaufen, und die beste Werbung für die Fliegerei waren Flugvorführungen auf Jahrmärkten, die sie von Küste zu Küste durch ihre Piloten „abklappern" ließen. Nachdem Worden einen Vertrag als Kunstflieger bei der stark expandierenden Firma Moisant unterschrieben hatte, wurde er nach Mexico City entsandt, um den *federales* Flugzeuge vorzuführen. Begeisterte mexikanische Heeresoffiziere, denen es darum ging, militärische Verwendungszwecke für diese wunderbaren Maschinen zu finden, überredeten Worden, einige Aufklärungs- und Erkundungseinsätze gegen die Rebellen zu fliegen.

Die damit verbundenen Gefahren hätten einen weniger Mutigen abschrecken können. Es gab weder Flugplätze noch ausgebildete Bodenmannschaften. Das Flugbenzin war schlecht und führte zu häufigen Aussetzern. Noch schlimmer war, daß die Rebellen häufig auf Wordens Flugzeug feuerten. Aber der von den Regierungstruppen ehrenhalber zum Hauptmann ernannte Worden erfüllte seinen Auftrag mit großem Enthu-

Der amerikanische Pilot John Hector Worden (dritter von rechts) läßt sich im Jahre 1912 in Mexiko mit Flugzeug und Bodenpersonal photographieren.

siasmus. Als er Ende 1912 in die Vereinigten Staaten zurückkehrte, hatte er genügend Erfahrung in der Guerillabekämpfung aus der Luft gesammelt, um über dieses Thema in der New Yorker Zeitschrift *Aircraft* zu schreiben, die ihn den Lesern als den „bisher ersten und einzigen Flieger, der in der westlichen Hemisphäre an Kampfhandlungen teilgenommen hat" vorstellte. Diese Bezeichnung war jedoch nicht ganz richtig, denn sie ließ eine Gruppe von Flugakrobaten unberücksichtigt, die schon ein Jahr zuvor Aufklärungseinsätze für die *federales* geflogen hatten *(S. 6–13).*

Wordens sehr logisch aufgebauter Artikel erschien im Dezember 1912 in *Aircraft*. Darin wurde festgestellt, daß das schwierige mexikanische Terrain mit seinen vielen ausgetrockneten Flußbetten, die sich nach schweren Regenfällen in reißende Sturzbäche verwandelten, das lebenswichtige, einspurige Eisenbahnnetz ungewöhnlich anfällig für Sabotageakte mache. Eine Handvoll Rebellen könne ungefährdet eine der hölzernen Eisenbahnbrücken niederbrennen und danach in die Berge flüchten. Es sei unmöglich, überall entlang der Strecken Soldaten zu postieren. Eine solche Maßnahme hätte, wie Worden trocken anmerkte, „mehr als das stehende Heer Deutschlands erfordert". Aber als die Regierung die Züge von Soldaten begleiten ließ, mußten die Wachmannschaften oft feststellen, daß die Brücken bereits zerstört waren, oder sie selbst gerieten in feindliche Hinterhalte. Nahmen sie die Verfolgung der Rebellen auf, wurden sie in die Berge gelockt und vernichtet, so daß der Zug von anderen Rebellengruppen angegriffen werden konnte.

Nach Wordens Ansicht waren Flugzeuge die einzige Lösung. „Was könnte einfacher oder leichter sein", schrieb er, „als daß ein Flieger vor der Abfahrt des Zuges startet, die Strecke abfliegt, den gefährdeten Bereich erkundet und so rechtzeitig Meldung erstattet, daß der Zug noch umkehren kann?" Danach könnten Sondereinheiten in Marsch gesetzt werden, um die Brücke zu bewachen und die Rebellen in die Berge zu jagen.

Die *federales* hatten jedoch das Pech, daß auch die Rebellen den Wert der Militärluftfahrt erkannten. Beide kriegführenden Parteien ließen bald

Worden, der hier stolz die Uniform der mexikanischen Regierungstruppen trägt, wurde auf Grund seiner Erfahrungen als Söldnerpilot während der mexikanischen Revolution ein eifriger Befürworter der Luftfahrt zu militärischen Zwecken.

Rebellen bereiten einen Überfall auf einen Zug der „federales" vor. Derartige Pläne sollten sich laut Worden leicht durch Aufklärungsflüge durchkreuzen lassen.

die Idee der Aufklärungsflüge hinter sich und spielten mit dem Gedanken, einander mit Bomben anzugreifen, obwohl Worden warnend festgestellt hatte, daß man von einem Flieger keine Präzisionswürfe erwarten könne, da Piloten niemals für diese Aufgabe ausgebildet worden seien. Dann gelangte eines Tages der amerikanische Pilot Didier Masson, ein gebürtiger Franzose, als Söldner der Rebellen nach Mexiko.

Masson hatte den französischen Flugpionier Louis Paulhan im Jahre 1910 als Mechaniker auf einer Tournee durch die Vereinigten Staaten begleitet. Amerika hatte ihm so gut gefallen, daß er geblieben war, um selbst als Flugakrobat auf Jahrmärkten aufzutreten. Als zwei mexikanische Obersten, die als Werber für die Rebellen unterwegs waren, Masson Anfang 1913 in Los Angeles kennenlernten, war er Fluglehrer in Glenn L. Martins Fliegerschule im nahe gelegenen Balboa. Die Mexikaner boten ihm 300 Dollar Grundgehalt pro Monat sowie 50 Dollar für jeden Aufklärungsflug und 250 Dollar für jeden Bombenangriff. Masson, der so abenteuerlustig wie geldgierig war, verband sich auf Gedeih und Verderb mit der Revolution. Die Obersten kauften für 5000 Dollar ein Martin-Flugzeug mit Druckpropeller, das Masson fliegen sollte. Es hatte einen 75 PS starken Curtiss-Motor und konnte mit zwei Personen und 70 Kilogramm Bomben über 150 Kilometer weit fliegen. Das auf den Namen *Sonora* getaufte neue Flugzeug wurde von Massons findigem Mechaniker Thomas J. Dean auf einem Lastwagen zur mexikanischen Grenze bei Nogales, Arizona, transportiert. Dort wurde Dean von einem Sheriff aufgehalten, der zu Recht vermutete, das Flugzeug solle unter Umgehung aller Zollformalitäten nach Mexiko gebracht werden. Der Sheriff ritt davon, um Verstärkung zu holen, und überließ es seinem einbeinigen Hilfspolizisten namens Hopkins, Dean und das Flugzeug zu bewachen. Aber Hopkins erlag Deans Überredungskünsten und ließ sich bestechen. „Er wurde eingekauft", schrieb Didier Masson später mit gallischem Aplomb, „und kam mit dem Lastwagen nach Hermosillo." Wie Masson weiter berichtete, wurde Hopkins später in der Revolutionsarmee zum Major ernannt.

Die Rebellen waren damals nur in dem nordwestlichen Staat Sonora stark und versuchten, entlang der Bahnlinie von der amerikanisch-mexikanischen Grenze bis zum Stützpunkt der Regierungstruppen in Guaymas am Golf von Kalifornien vorzustoßen. Der Stützpunkt war zu Lande abgeschnitten. Aber die drei Kanonenboote *Guerrero, Morelos* und *Tampico* verteidigten den Hafen so tapfer, daß Guaymas selbst die erbittertsten Sturmangriffe hatte abwehren können. Deshalb waren die Rebellen zu dem Schluß gelangt, die Kanonenboote müßten durch Luftangriffe kampfunfähig gemacht werden.

Da ihr Erfolg jetzt von Didier Masson abhing, brachten die Rebellen ihn etwa 65 Kilometer von Guaymas entfernt in der kleinen Stadt Moreno, wo sie optimistischerweise einen festen Flugplatz angelegt hatten, recht behaglich unter. Der Pilot und sein Mechaniker wohnten in einem luxuriösen Pullmanwagen mit separaten Schlafabteilen, einem Speiseraum und einer Küche mit Eisschrank. Masson revanchierte sich für diese Annehmlichkeiten, indem er sich an die gestellte Aufgabe machte und zunächst eine Reihe von Aufklärungsflügen durchführte.

Unterdessen bauten Arbeiter der dortigen Eisenbahnwerkstätten das Flugzeug in einen Bomber um *(S. 24–25)*, indem sie ein sinnreiches Bombenzielgerät und eine Bombenaufhängung einbauten, und der Mechaniker Dean stellte Bomben aus Eisenrohrabschnitten her. Jede Bombe enthielt Dynamitstäbe und Stahlnieten und wurde an beiden Enden verschraubt. Aus dem einen Deckel ragte ein Zündstift, der durch einen Sicherungsstift bis unmittelbar vor dem Bombenwurf arretiert wurde. Ein weiterer Stift am anderen Deckel trug Stabilisierungsflossen. Masson

Mit salopp nach hinten gedrehter Mütze ergreift der in Frankreich geborene Söldnerpilot Didier Masson das Steuer der „Sonora", die er im Jahre 1913 als Bomber für die mexikanischen Rebellen flog. Neben ihm sitzt Gustavo Salinas, ein Neffe des Rebellenführers Venustiano Carranza.

erinnerte sich viele Jahre später, die Aufhängevorrichtung unter der Maschine habe acht dieser tödlichen Rohrbomben aufnehmen können, aber einige Luftfahrthistoriker haben darauf hingewiesen, daß das Flugzeug mit einem Bombenschützen an Bord nur drei Bomben getragen haben kann, da jede etwa 15 Kilogramm wog. Der Bombenschütze zog an einer Schnur, riß damit den Sicherungsstift heraus und zugleich die Bombe aus der Aufhängevorrichtung.

Am 30. Mai 1913 starteten Masson und Hauptmann Joaquin Alcalde, sein mexikanischer Bombenschütze und Beobachter, mit voller Bombenlast zu ihrem ersten Einsatz – dem ersten jemals auf ein Kriegsschiff geflogenen Luftangriff. Die Besatzungen der Kanonenboote eröffneten lebhaftes Feuer auf die *Sonora*, ohne die Maschine auch nur einmal zu treffen. Der Pilot und sein Bombenschütze blieben ähnlich erfolglos. Ihre Bomben fielen aus 750 Meter Höhe rings um die *Guerrero*, deren Deck durch die Detonationen aber nur einige Wasserspritzer abbekam. Auch die anderen Kanonenboote blieben unbeschädigt.

Masson und Alcalde unternahmen am nächsten Tag einen zweiten Versuch. Sie konnten zu ihrer Befriedigung beobachten, daß die verängstigten Matrosen über Bord sprangen, aber sie erzielten auch diesmal keinen Treffer. Nach der Landung auf dem Flughafen nahm Masson seine Experimente wieder auf. Obwohl er die Stabilisierungsflossen der Bomben und die Bombenzielvorrichtung änderte, blieb auch der nächste Versuch auf die Kanonenboote vor Guaymas erfolglos. Beim nächsten Start machte Masson Bruch und mußte vier Wochen auf Ersatzteile warten, die aus den Vereinigten Staaten eingeschmuggelt wurden.

Als die *Sonora* wieder flugtüchtig war, setzten Masson und Alcalde ihre Angriffe auf die Kanonenboote fort. Beim ersten Überflug verfehlte eine versuchsweise abgeworfene Bombe die *Guerrero* nur knapp, woraufhin sie kehrtmachten und die restlichen Bomben warfen. Keine einzige traf das Schiff – wieder ein Fehlschlag.

Am 4. August versuchte Masson es erneut – diesmal aus 600 Meter Höhe und mit Dean auf dem Sitz des Bombenschützen. Aber das Pech blieb ihm treu. Als Dean bei starkem Abwehrfeuer versuchsweise eine Bombe warf, begann der Curtiss-Motor zu stottern und setzte schließlich aus. Da sie sich über dem Hafen, also feindlichem Gebiet, befanden, konnten sie nur versuchen, die Bucht von Guaymas im Gleitflug zu überqueren und hinter den Linien in der Nähe der Stadt Empalme niederzugehen. Als Vorsichtsmaßnahme warfen sie alle Bomben ab. Zum Glück setzte Masson mit der *Sonora* weich auf; denn als er vom Führersitz kletterte, entdeckte er, daß sie eine Bombe, die an ihrer Schnur hängengeblieben und nicht detoniert war, hinter sich hergeschleppt hatten.

Nachdem Masson und Dean eine gebrochene Treibstoffleitung repariert hatten, starteten sie zum Rückflug nach Moreno. Aber das Flugzeug erlitt einen Motorschaden, der nicht mehr zu beheben war. Als die beiden sich endlich zum Flugplatz durchgeschlagen hatten, kündigten sie fristlos.

Kurze Zeit nach Didier Massons bahnbrechenden Versuchen, Ziele aus der Luft mit Bomben anzugreifen, gelang dem amerikanischen Söldnerpiloten Dean Ivan Lamb eine ähnliche Pioniertat, als er sich in dem wahrscheinlich ersten Luftkampf der Welt schießend mit einem rivalisierenden Söldnerpiloten maß.

Lamb erschien in Mexiko etwa zu dem Zeitpunkt, als Didier Masson enttäuscht aufgab. Er war ein unsteter Romantiker, der ziellos umherirrte und mit Vorliebe unglaublich aufgebauschte Geschichten erzählte und die Weltmeere als Seemann befahren hatte, bis er im Jahre 1912 die Seefahrt aufgab und fliegen lernen wollte. Als er im Sommer 1913 nach Mexiko

Die Bomben der „Sonora" bestanden aus mit Dynamit und Nieten gefüllten 45 Zentimeter langen Eisenrohren von etwa acht Zentimeter Durchmesser, aus denen ein Aufschlagzünder ragte.

Die „Sonora“ – ein phantastisches Gebilde aus Holz, Draht und Stoff – hatte ungefähr 15 Meter Spannweite. Ihre Druckschraube wurde von einem 75 PS starken Curtiss-Motor angetrieben.

Die Geburtsstunde des Bombers

Die in den Jahren 1913 und 1914 während der mexikanischen Revolution von den Rebellen eingesetzte *Sonora* war der erste Bomber, der in der westlichen Hemisphäre Einsätze flog. Diese neuartige Kriegsmaschine – hier von einem Künstler nach alten Photos von einer umgebauten Version und einigen unklaren Beschreibungen dargestellt – war ursprünglich ein einfacher amerikanischer Martin-Doppeldecker. Durch den Einbau einer Bombenabwurfvorrichtung und eines Sitzes für einen Bombenschützen wurde er in ein Militärflugzeug verwandelt.

Ein quadratischer Rahmen mit Fadenkreuz, der mit einem schwenkbaren Arm am Sitz des Bombenschützen befestigt war, diente als Bombenvisier. Nur durch Probeabwürfe konnte der Bombenschütze den für die jeweilige Flughöhe und -geschwindigkeit besten Einstellwinkel ermitteln. Er löste die Bomben aus ihrer Aufhängevorrichtung, indem er an Schnüren zog, die hier nicht abgebildet sind, weil ihre Montage aus den vorliegenden Beschreibungen nicht einwandfrei hervorgeht.

Das erste Opfer der *Sonora* wurde das in sie gesetzte Vertrauen. Unter Führung des Söldnerpiloten Didier Masson gelang es selbst bei fünf Einsätzen nicht, auch nur einen einzigen Treffer auf ein Kanonenboot der Regierung anzubringen.

gelangte, war er gerade 27 Jahre alt. Die Geschichte, wie er Pancho Villa angeblich gegenübergetreten war, erfand Lamb bestimmt selbst; sie war typisch für die Abenteuergeschichten, die von den ersten Söldnerpiloten erzählt wurden, um ihr Leben aufregender erscheinen zu lassen.

Nach Lambs Darstellung hegte der bullige Revolutionär beträchtliche Zweifel an den Fähigkeiten des jungen Amerikaners, der seine Dienste als Flieger anbot. „So, *du* kannst also fliegen?" schnaubte Villa angeblich, während seine Männer sich wiehernd um ihn sammelten, um den Auftritt zu beobachten. „Du bist so schmächtig, daß der Wind dich wegblasen würde." Lamb erzählte, Villa habe ihm dann einen Stoß gegeben, der ihn zu Boden geworfen habe. Daraufhin will er aufgesprungen sein und Villa im Gesicht mit einem Faustschlag getroffen haben, der die Lippe des Generals zum Bluten brachte. Gewehre seien klickend durchgeladen und auf Lamb gerichtet worden.

„Nein", befahl Villa. „Genug." Er wischte sich die Lippe ab und starrte Lamb mit zusammengekniffenen Augen an. „Gut. Du bist ein Flieger und ein Kämpfer dazu. Der Job gehört dir."

Wenig später flog Lamb sein Curtiss-Flugzeug mit Druckpropeller für die Revolutionäre. Er hatte den Auftrag, den amerikanischen Söldnerpiloten Phil Rader aufzuspüren und zu vernichten, denn Raders Christofferson-Doppeldecker flog seit fast zwei Monaten Störangriffe gegen Villas Truppen, ohne vom Boden aus wirksam bekämpft werden zu können.

Lamb patrouillierte drei Tage lang über sonnendurchglühten kahlen Hügeln und flimmernden Wüsten, ohne am wolkenlosen Himmel etwas anderes als Truthahngeier zu sehen. Eine Notlandung in diesem Gelände hätte fast unweigerlich den Tod bedeutet. Schließlich sah er den Christofferson-Doppeldecker wie einen Königsgeier auf sich herabstoßen. Rader hielt einen Revolver in der Hand. Eine Kugel durchschlug die rechte Tragfläche von Lambs Flugzeug. Lamb zog den Steuerknüppel zurück und stieg wie ein vom Aufwind erfaßter Kastendrachen. Dann zog auch er seinen Revolver und schoß auf Raders surrende Luftschraube. Er verfehlte sie. Die beiden stoffbespannten Flugapparate brummten nebeneinander durch den Nachmittag. Sie waren einander so nahe, daß Lamb Raders schwarzen Schnauzbart erkennen konnte. Er sah auch die auf ihn gerichtete Mündung von Raders Revolver, die plötzlich Feuer spuckte. Lamb klemmte sich den Steuerknüppel zwischen die Knie und schoß zurück. Beide Männer schossen daneben.

Lamb drehte ab, um nachzuladen. Dann stürzten die beiden Piloten sich wieder aufeinander, flogen schwankend nebeneinander her, schossen und luden nach. Aber Raders erster Zufallstreffer blieb der einzige Treffer. Als sie ihre Munition schließlich verschossen hatten, lösten sie sich voneinander und flogen zu ihren Stützpunkten zurück.

Zu Lambs Glück hatte der Luftkampf in Sichtweite der von den Rebellen kontrollierten Stadt Naco stattgefunden, so daß Lamb nach seiner Rückkehr augenblicklich in die Ruhmeshalle der Helden der Revolution versetzt wurde. Außerdem blieb Rader verschwunden. Wahrscheinlich zog er es vor, seine gutbezahlten Einsätze in anderen Teilen Mexikos zu fliegen, wo er sein Geld verdienen konnte, ohne in Luftkämpfe verwickelt zu werden.

Kurz nachdem Lamb und Rader sich erstmals aus Flugzeugen beschossen hatten, brachte die mexikanische Revolution eine weitere bedeutsame Neuerung im Luftkrieg hervor. Im Februar 1914 stellte der 27jährige amerikanische Ingenieur Lester Barlow, der seine Stellung bei einer Bergwerksgesellschaft in Mexiko aufgegeben hatte, um sich Pancho Villa anzuschließen, ein logistisches Wunderwerk zusammen, das er als „taktische Militärflugzeug-Einheit" bezeichnete. Barlows taktische Einheit war praktisch ein Feldflugplatz auf Gleisen, dem lediglich eine feste Start- und Landebahn fehlte, die sich aber in der nordmexikanischen Wüste fast überall dort improvisieren ließ, wo der Sonderzug hielt. Der vollkommen autarke Zug bestand aus einer Lokomotive, einem Werkstattwagen, einem Pullman-Schlafwagen, einem Güterwagen mit Versorgungsmaterial, einem weiteren Güterwagen für Bomben und einigen Plattformwagen, auf denen einsatzklare Flugzeuge und einige Autos transportiert wurden – alles von einem gepanzerten Wagen aus bewacht. Der Zug war lebhaft grün lackiert und trug in großen Lettern die Aufschrift „Luftfahrtabteilung der Nordarmee". Mit seinen Plattformwagen, die mit Flugapparaten der Firmen Curtiss, Wright und Christofferson sowie mit einigen Maschinen zweifelhafter Herkunft beladen waren, bot er ein seltsames Bild.

Die „taktische Militärflugzeug-Einheit", die fast alle Flugzeuge Villas und viele seiner Truppen beförderte, dampfte kreuz und quer durch Nordmexiko, um die *federales* anzugreifen, wo immer sie sich sammelten. Ungünstig für Barlows Piloten wirkte sich jedoch die Tatsache aus, daß nicht alle Truppen Villas wußten, daß die Flugzeuge des Sonderzugs für die Revolution flogen. Wie der amerikanische Flieger Howard Rinehart später berichtete, waren Villas eigene Leute häufig gefährlicher als die Regierungstruppen, die nur gelegentlich ein über sie hinwegfliegendes Flugzeug trafen. „Selbst auf Kurierflügen", erinnerte er sich, „waren wir bei der Landung völlig umzingelt und hatten jedesmal Glück, daß wir nicht von den Truppen erschossen wurden, da sie nicht wußten, daß Villa ein Flugzeug besaß, und da die Maschine keine Kennzeichen trug."

Trotz der Anstrengungen schießwütiger Bodentruppen kam nur ein ausländischer Söldnerpilot – der amerikanische Kunstflieger Farnum Fish – während der mexikanischen Revolution durch Abwehrfeuer zu Schaden. Gleich auf seinem ersten Flug für Pancho Villa überflog Fish in Sichtweite des eigenen Platzes in etwa 150 Meter Höhe die feindlichen Linien, als die *federales* seine Maschine mit Dauerfeuer eindeckten. „Ich hatte den Eindruck", erinnerte Lester Barlow sich Jahre später an jene Episode, „daß Tausende von Mexikanern gleichzeitig das Feuer auf ihn eröffneten. In den wenigen Minuten, die er sich über den Soldaten befand, knatterte ununterbrochen Gewehrfeuer."

Fish legte seine Maschine sofort in eine enge Steilkurve und flog zu den eigenen Linien zurück, wo Barlow und weitere Angehörige der „taktischen Militärflugzeug-Einheit" ihn besorgt erwarteten. Das Flugzeug landete nach einem langen, flachen Gleitflug glatt, aber als Barlow die Maschine erreichte, sah er, daß Fish stark blutete und daß sein Flugzeug mit Blut bespritzt war. Er war nur von einer Kugel getroffen worden, die ihm allerdings zwei Wunden zugefügt hatte: einen glatten Beindurchschuß und einen Streifschuß an der Schulter. Wie Barlow berichtete, erholte Fish sich in wenigen Tagen und konnte sogar über sein Künstlerpech lachen. Aber Barlow fügte hinzu: „Sein kriegerischer Ehrgeiz war offenbar gestillt, denn er kehrte nach Los Angeles heim."

Farnum Fish scheint die Heimat ohne weitere Zwischenfälle erreicht zu haben. Größere Schwierigkeiten hatte Howard Rinehart zu überwinden, der sich nach weniger als zwei Monaten in Villas Diensten in die Vereinigten Staaten zurücksehnte, weil er mit seiner Besoldung unzufrieden war und es satt hatte, von den eigenen Truppen beschossen zu werden.

Rinehart war im März 1915 von dem Förderer der Luftfahrt J. S. Berger für die mexikanische Revolutionsarmee angeworben worden. Da Rinehart schon früher für Berger geflogen war – auf schlampig organisierten Flugtagen im Süden der Vereinigten Staaten –, war er etwas mißtrauisch, als Berger sich ihm als Pancho Villas „Chef des Flugwesens" vorstellte.

Das Bodenpersonal schiebt den im März 1915 von dem mexikanischen Rebellenführer Pancho Villa gekauften Wright-Doppeldecker Modell HS mit dem amerikanischen Piloten Howard Rinehart im Führersitz zum Start. Rinehart, ein Fluglehrer aus Orville Wrights Pilotenschule, war von den Aufständischen als Pilot engagiert worden.

Selbst nachdem der Unternehmer den Kaufpreis für ein Wright Model B und ein Model HS (diese Abkürzung verwies auf den Hispano-Suiza-Motor) bar auf den Tisch legte, blieb Rinehart mißtrauisch. Trotzdem war er bald mit einer Gruppe abenteuerlustiger Sensations- und Kunstflieger nach Mexiko unterwegs.

Die Neuangeworbenen blieben mehrere Wochen in Juárez, wo sie ihr Model B zusammenbauten, aber nachdem es von einem Sturm über ein Feld getrieben und zertrümmert worden war, fuhren sie mit dem Zug ins Hauptquartier der Rebellen nach Monterrey und nahmen das in Kisten verpackte Model HS mit. Dann verstärkte sich Rineharts Verdacht. „Bis zu diesem Zeitpunkt", sagte er später, „hatte es sehr großzügige Spesen gegeben, aber die Gehälter waren ausgeblieben." Das erinnerte ihn an die Flugtage mit dem geizigen Berger. „Es gab Essen, damit die Piloten und Mechaniker weiterarbeiteten. Aber jeder Versuch, über Geld zu reden, wurde mit Versprechungen und einem Wechsel des Themas abgewehrt. Trotzdem hoffte ich noch weiter, weil reichlich Geld zu sehen war." Aber er begann sich zu fragen, ob Berger etwa ihren Sold einsteckte.

Rinehart lernte die Gefahren der Militärluftfahrt während der mexikanischen Revolution früh genug kennen. Sein erster Auftrag war ein Kurierflug zu einem von Villas Kommandeuren; nach der Landung mußte er in Deckung gehen und eine weiße Fahne schwenken, damit die Soldaten ihr Feuer einstellten. „Offenbar", meinte er später, „war die Versuchung, auf ein Flugzeug – irgendein Flugzeug – zu schießen, einfach zu groß, als daß ein mit einem Gewehr bewaffneter Mexikaner ihr hätte widerstehen können. Als die Gehaltszahlungen weiterhin ausblieben, täuschte Rinehart Motorpannen vor, um nicht fliegen zu müssen. Schließlich ergriff er die

Gelegenheit, sich für einen Kurierflug zu General Rodriguez in Matamoros an der mexikanisch-texanischen Grenze einteilen zu lassen. Er wußte, daß er von dort aus mit einem kurzen Flug über den Rio Grande nach Brownsville und damit in die Freiheit gelangen konnte.

Auf diesem Kurierflug hatte Rinehart einen bewaffneten Begleiter, der Hauptmann in Villas Armee war. Nach ständig umlaufenden Gerüchten sollte es Piloten geben, die mit ihren Maschinen zum Feind hinübergeflogen waren und dafür hohe Belohnungen kassiert hatten. Rinehart waren dafür ebenfalls schon bis zu 15 000 Dollar geboten worden, aber er hatte diese Angebote lachend zurückgewiesen, weil er dahinter eine Falle vermutete. Aber Villa ging keine Risiken mit seinen Söldnerpiloten ein – vor allem nicht mit denen, die wegen ausstehender Forderungen Grund zur Klage und zur Flucht hatten.

Im Anflug auf Matamoros konnten Rinehart und sein Begleiter die Truppen unter ihnen nicht identifizieren und landeten deshalb im Mesquite-Buschland außerhalb der Stadt. Nachdem Rinehart beim Aussteigen beinahe auf eine zusammengerollte Klapperschlange getreten wäre, machten die beiden Männer sich auf den Marsch durch das ihrer Ansicht nach feindliche Gebiet. Am Rande eines mit Wasserpflanzen bedeckten Teiches hörten sie Stimmen und warfen sich in den Schlamm, um hinter einem umgestürzten Baum in Deckung zu gehen. Nachdem sie sich wieder herausgearbeitet hatten, hielten sie sich bis Sonnenuntergang in einem Gebüsch versteckt, in dem sie von Mückenschwärmen gepeinigt wurden. Dann marschierte Rineharts einheimischer Begleiter, in dessen Schuhen Wasser quatschte, zu einer Taverne an der Straße, wo er erfuhr, daß sie sich die ganze Zeit hinter den Linien befunden hatten!

Gegen Mitternacht erreichten sie General Rodriguez' Hauptquartier. Rinehart wollte jetzt unbedingt flüchten. Er sollte am nächsten Morgen nach Monterrey zurückfliegen, aber als sie zu dem im Busch versteckten Flugzeug zurückkamen, bastelte er am Motor herum und bestand auf einem Probeflug. Der Mexikaner, dessen Revolver drohend aus den Halftern ragten, begleitete ihn auch dabei. Rinehart brachte den Motor in der Luft zum Stottern und ließ die Maschine bei der hastigen Landung absichtlich abschmieren, so daß eines der Räder zu Bruch ging. Da es in Matamoros weder ein Ersatzrad noch Reparaturmöglichkeiten gab, wurde Rinehart über die Grenze nach Brownsville geschickt, um das Rad reparieren zu lassen. Er kehrte nicht mehr nach Mexiko zurück.

Howard Rinehart war nicht als einziger enttäuscht. So bereitwillig die meisten ausländischen Piloten, die für die Regierungstruppen oder die Rebellen flogen, ursprünglich nach Mexiko gegangen waren, so sehr sehnten sie sich schon nach kurzer Zeit in die Heimat zurück. Neue trafen jeden Monat ein, aber die Veteranen gaben auf. Sie erfanden irgendeine Ausrede, um flüchten zu können – mit oder ohne Sold. Aber manche von ihnen hatten so viel Geschmack an dem Dasein des Söldnerpiloten gefunden, daß sie prompt nach Europa fuhren, um an den Luftkämpfen des Ersten Weltkrieges teilzunehmen.

Zu den schon vor ihnen in Paris angelangten Amerikanern gehörte Weston Bert Hall, eines der erstaunlichsten Originale in der Geschichte der Luftfahrt und zugleich ein Mann mit der unübertroffenen Fähigkeit, außergewöhnliche Abenteuer zu erfinden und sich dadurch als großen Helden darzustellen. Indem Bert Hall einige wenige Tatsachen mit viel Erfundenem vermengte, machte er sich zur Hauptperson kühner Heldentaten, die von den Balkankriegen und der Oktoberrevolution bis zum Oberbefehl über die chinesische Luftwaffe führten.

Einige von Halls engsten Freunden wußten, daß er seinen Ruf den von ihm erfundenen Geschichten verdankte. Er brachte es fertig, die übrige Welt jahrzehntelang zu täuschen, wurde von einer so angesehenen Zeitung wie der *New York Times* als der führende Söldnerpilot bezeichnet, nahm selbst so bekannte Journalisten wie Ernie Pyle für sich ein und erreichte, daß seine zweifelhaften Memoiren von berühmten Luftfahrtautoren gelobt und als authentisch anerkannt wurden. Tatsächlich ließ sich nie sicher feststellen, ob er wirklich Hall hieß oder woher er stammte, denn er gab abwechselnd Higginsville, Missouri, Bowling Green, Kentucky, und El Paso, Texas, als seinen Geburtsort an.

Halls Memoiren, die im Jahre 1929 unter dem Titel *One Man's War* erschienen, zeichneten den temperamentvollen Autor überzeugend als lebenslustigen Flaneur auf den eleganten Pariser Boulevards. In Wirklichkeit hatte Hall sich nach Paris durchgeschlagen, indem er eine Stellung als Chauffeur bei einem texanischen Millionär angenommen hatte. In Paris hatte er gekündigt – oder war entlassen worden – und verdiente sich sein Geld als Taxifahrer, als Großbritannien und Frankreich im August 1914 gegen Deutschland und Österreich-Ungarn in den Krieg eintraten. Noch im selben Monat schlossen sich Hall und sein Freund James Bach sowie der reiche William Thaw – der sich schon als Yalestudent durch Kunstflüge mit einem Curtiss-Wasserflugzeug einen Namen gemacht hatte – und etwa 40 weitere Amerikaner der französischen Fremdenlegion an. Sie bildeten das von ihnen selbst so benannte Amerikanische Freiwilligenkorps und fanden sich in den düsteren letzten Monaten des Jahres in Schützengräben an der Front wieder, wo sie in kalten, stinkenden Unterkünften vor allem gegen die Läuseplage kämpften.

Piloten der Lafayette-Staffel versammeln sich im Ersten Weltkrieg vor einer ihrer Maschinen. Die von Norman Prince (sechster von links) zur Unterstützung der französischen Truppen aufgestellte Staffel amerikanischer Männer erhielt ihre Feuertaufe an der elsässischen Front.

Es dauerte nicht lange, bis sie davon sprachen, eine Freiwilligeneinheit aus amerikanischen Piloten aufzustellen. Da die Franzosen keine rechte Lust zeigten, unerprobte Ausländer in ihre Fliegertruppe, die eine Elite darstellte, aufzunehmen, begannen Thaw, Bach und Hall ihre Laufbahnen aufzupolieren. Thaw hatte bereits eine Dienstzeit in der mexikanischen Armee erfunden, um in die Fremdenlegion aufgenommen zu werden. Jetzt behauptete er, obwohl er nur das Curtiss-Wasserflugzeug kannte, er könne praktisch jeden Flugzeugtyp fliegen. Auch Bach, ein Ingenieur, der den größten Teil seines Lebens in Paris verbracht hatte, erfand eine eindrucksvolle Pilotenlaufbahn. Und Bert Hall machte sich daran, die gefälschte Biographie zu erfinden, die eine leichtgläubige Welt später lange Zeit für bare Münze nehmen würde.

Nach seiner Darstellung war Hall im Jahre 1910 in Buc bei Paris von den berühmten Luftfahrtpionieren Maurice und Henri Farman ausgebildet worden. Danach hatte der türkische Sultan ihn für 100 Dollar pro Tag in Gold für Einsätze im Balkankrieg angeworben. Als die Türken sich als säumige Zahler erwiesen, wollte Hall die Seiten gewechselt haben und auf bulgarischer Seite gleichzeitig mit den russischen Söldnerpiloten Sakoff und Koltschin gegen die Türken geflogen sein. Dann verhafteten ihn angeblich die Bulgaren, weil sie ihn verdächtigten, erneut die Seiten wechseln zu wollen, und Hall behauptete, dem Erschießungskommando nur deshalb entgangen zu sein, weil sein treuer Mechaniker, „Monsieur André Pierce", ihn durch Bestechung aus dem Kerker befreit habe.

In ihrem Bemühen, für Frankreich fliegen zu dürfen, sicherten Thaw, Hall und Bach sich die Unterstützung von Leutnant Felix Brocard, einem einflußreichen französischen Militärpiloten, der lange mit Thaw befreundet war. Durch Brocards Fürsprache wurden die drei Amerikaner endlich zur fliegerischen Ausbildung zugelassen.

Zumindest Hall hatte keinen guten Start. Auf dem Flugplatz Pau, wohin seine phantastischen Geschichten ihm schon vorausgeeilt waren, führte der Kommandant ihn zu einem Blériot-Eindecker und forderte ihn zu einem Probeflug auf. Hall, der noch nie im Führersitz eines Flugzeugs gesessen hatte, konnte auf nichts als seinen Mut zurückgreifen.

„Die steuer' ich wie einen Kinderwagen", behauptete er.

Mit Hall am Steuer raste die Blériot dann „wie eine besoffene Ente über den Platz", berichtete ein verblüffter Augenzeuge später, und ging an einer Flugzeughalle zu Bruch. „Sie haben noch nie in einem Flugzeug gesessen!" brüllte der Kommandant wütend. „Aber Sie haben Mut, das muß man Ihnen lassen!" Und er behielt Hall da. Trotz ihrer Unerfahrenheit schlossen Hall und Bach im Sommer 1915 ihre Pilotenausbildung ab und kamen an die Front. Bill Thaw, der die Ausbildung verhältnismäßig mühelos geschafft hatte, war bereits dort.

Kurze Zeit später machte der tapfere, aber glücklose Jimmy Bach eine Bruchlandung auf feindlichem Gebiet und wurde gefangengenommen. Im April 1916 wurden Bill Thaw und Bert Hall dann zu ihren Landsleuten Norman Prince, Elliott Cowdin, Kiffin Rockwell, James McConnell und Victor Chapman abkommandiert und bildeten den Kern einer ganz aus Amerikanern bestehenden Staffel: der Lafayette-Staffel, benannt nach dem Marquis de Lafayette, dem französischen Helden des amerikanischen Unabhängigkeitskrieges. Später stießen auch der durch seine Erfahrungen in Mexiko gewitzte Didier Masson und der in Frankreich geborene Amerikaner Raoul Lufbery, der das erfolgreichste As dieser berühmten Staffel werden sollte, zu ihnen.

Hall paßte von Anfang an nicht in diese Runde. Die Mehrheit der Piloten, die immer zahlreicher zur Lafayette-Staffel strömten, waren gebildete, selbstsichere junge Amerikaner aus gutem Hause. Hall war ein Draufgänger, der stets die Rolle des „tapferen Frechdachses" zu spielen versuchte, wie er es selbst ausdrückte. So war es kein Wunder, daß die anderen von oben auf ihn herabsahen, während er sie mit wenigen Ausnahmen für verweichlichte Snobs hielt. Ihrer eigenen Darstellung nach betrachteten sie ihn als Lügner und Angeber, der beim Kartenspiel betrog und Abschüsse „abstaubte", zu denen Kameraden in Luftkämpfen die Vorarbeit geleistet hatten.

Halls Staffelkameraden setzten bald alle Hebel in Bewegung, um seine Versetzung zu erreichen, und am 1. November 1916 wurde er einer französischen Staffel zugeteilt, die Nieuports und die kurz zuvor eingeführten Spad-Jagdflugzeuge flog. Bis dahin hatte er zwei Abschüsse erzielt, erhob aber Anspruch auf eine ganze Anzahl weiterer Siege über den deutschen Linien oder außerhalb der Sichtweite alliierter Augenzeugen.

Wenig später sollte er zu ganz anderen Abenteuern aufbrechen. Seinem Bericht zufolge wurde Hall, bevor er sich bei seiner neuen Staffel eingewöhnen konnte, von französischen Nachrichtendienstoffizieren für einen Geheimauftrag in Osteuropa und Rußland angeworben. Er bekam angeblich einen französischen Paß, um als Angehöriger einer Handelsmission reisen und das neue Spad-Jagdflugzeug vorstellen zu können. Aber Hall sollte nicht nur die neue Maschine vorführen, sondern auch die Einstellung und Äußerungen zaristischer Kommandeure zu ihrer Beteiligung am Kampf gegen Deutschland erkunden. Außerdem sollte er über die Revolutionswirren berichten, die Rußland damals erschütterten.

Hall traf am 14. Januar 1917 in St. Petersburg ein. Wie er später berichtete, hatte er die Spad von Lettland bis Rumänien auf allen Militärflugplätzen vorgeführt. Nach eigenen Aussagen hatte er unterwegs angreifende deutsche Flugzeuge abgeschossen, ein feindliches Gipfeltreffen im bulgarischen Zarenpalast in Sofia bombardiert und von dem russischen Zaren Nikolaus II. einen Orden erhalten – in einer Zeremonie, die Hall als „entschieden mittelalterlich und verdammt eindrucksvoll" schilderte. Noch eindrucksvoller waren die revolutionären Massen, die Hall Anfang März auf den Straßen von St. Petersburg beobachtete, woraufhin er beschloß, Rußland so schnell wie möglich zu verlassen.

Da die Grenzen nach Skandinavien keinen Durchlaß gewährten, schloß Hall angeblich einen Handel mit einem zaristischen General ab, in dem er sich verpflichtete, die ältliche Frau des Generals mit der Transsibirischen Eisenbahn illegal außer Landes zu bringen. Als die beiden Reisenden Wladiwostok erreichten, tobte in ganz Rußland die Revolution. Zar Nikolaus II. hatte abgedankt, und die Bolschewiken versuchten, die Macht zu ergreifen. Es war keine Zeit zu verlieren, und Hall nahm mit der Frau des Generals den Zug nach Schanghai und dann ein Schiff nach Yokohama. Dort verkaufte sie nach Halls Darstellung einen Teil ihres Schmuckes und honorierte schließlich mit 38000 Dollar den erfolgreichen Abschluß des gefährlichen Unternehmens.

Mit dieser fürstlichen Belohnung in der Tasche reiste Hall per Schiff in die Vereinigten Staaten. Er blieb nur kurz in der Heimat, lehnte (nach eigener Aussage) das Angebot ab, als Offizier in die Fliegerabteilung des US-Marinecorps einzutreten, und ging wieder nach Paris, das er unterdessen als seine Wahlheimat betrachtete. Dort, wo er im Schatten der neuen Jagdflieger-Asse stand, die die Schlagzeilen beherrschten, saß er eine Zeitlang in Bistros herum, bevor er sein französisches Offizierspatent zurückgab. Wenig später tauchte er wieder in den Vereinigten Staaten auf und stellte sich in Zeitungsartikeln und Vorträgen der Öffentlichkeit als „Amerikas berühmtes Flieger-As" vor.

Diese Anzeige für ein Filmtheater in Portland, Oregon, präsentiert Bert Hall im Jahre 1919 als Star des Films „A Romance of the Air". Nach seiner Dienstzeit in der Lafayette-Staffel war Hall eine Zeitlang in Hollywood als Schauspieler, Drehbuchautor und Berater für Fliegerfilme tätig.

Fast ein Jahrzehnt sollte verstreichen, bevor Hall auf der anderen Seite der Erde erneut aktiv wurde, wobei er schließlich weithin Anerkennung als der führende Söldnerpilot der Welt fand. Unterdessen kamen die anderen Glücksritter auch ohne seine Anwesenheit auf der europäischen Bühne des Geschehens erstaunlich gut zurecht.

In den langen Monaten nach Bert Halls Flucht durch Sibirien rissen die Bolschewiken alle Macht an sich, führten einen blutigen Bürgerkrieg, um die letzten zaristischen Widerstandsgruppen zu vernichten, und regierten ganz Rußland mit eiserner Hand. In Europa endete der Erste Weltkrieg, und in der allgemeinen Verwirrung nach Kriegsende versuchten die Bolschewiken, ihre kommunistische Diktatur so weit wie möglich nach Westen auszudehnen. Ihr Hauptziel war Polen, das bolschewistische Agitatoren terrorisierten, um die Stellung des Staatsoberhauptes, Marschall Jozef Pilsudski, zu unterminieren.

Unter den vielen ausländischen Beobachtern, die diese Terrorakte abstoßend fanden, befand sich ein junges amerikanisches Jagdflieger-As, zu dessen Familientradition besondere Sympathie für Polen gehörte:

Sieben der acht amerikanischen Söldnerpiloten, aus denen die ursprüngliche Kosciuszko-Staffel bestand, befinden sich – als Begleiter eines Rotkreuztransports getarnt – auf der Fahrt nach Warschau. Von links: Edward Corsi, George Crawford, Kenneth Shrewsbury, Carl Clark, Arthur Kelly, Merian Cooper und Edwin Noble.

In Österreich gebaute Jagdflugzeuge des Typs Albatros D. III stehen auf einem polnischen Flugplatz für die amerikanischen Piloten der Kosciuszko-Staffel bereit. Die Sterne und Streifen des Staffelabzeichens symbolisieren Kosciuszkos Teilnahme am amerikanischen Unabhängigkeitskrieg.

Hauptmann Merian C. Cooper. Der in Jacksonville, Florida, geborene Cooper war ein direkter Nachfahre des Colonel John Cooper, dessen Fechtmeister während der amerikanischen Revolution der polnische Freiwillige Oberst Kasimierz Pulaski gewesen war. Der junge Merian Cooper hatte im Ersten Weltkrieg Maschinen des Typs D.H.4 geflogen, war im Luftkampf abgeschossen worden und hatte den Sommer und Herbst 1918 in einem deutschen Kriegsgefangenenlager verbracht.

Nach dem Waffenstillstand war Cooper in Polen als Mitarbeiter der American Relief Administration tätig, die unter Kriegsschäden leidende Gebiete mit Medikamenten und Lebensmitteln versorgte. Cooper, den die bolschewistischen Greueltaten entsetzten und der zudem der Überzeugung war, Polen werde sich bald in einem Kampf auf Leben und Tod mit der Sowjetunion behaupten müssen, traf mit Marschall Pilsudski zusammen und erbot sich, seinen Abschied aus der US-Armee zu nehmen und eine Staffel amerikanischer Jagdflieger aufzustellen, die für Polen fliegen würden. Sie sollte Kosciuszko-Staffel heißen – nach dem polnischen Patrioten Tadeusz Kosciuszko, der im amerikanischen Unabhängigkeitskrieg gekämpft und dann eine polnische Armee befehligt hatte, als sein Land im 18. Jahrhundert Rußland Widerstand leisten mußte.

Als Marschall Pilsudski seinem Plan aufgeschlossen gegenüberstand, reiste Cooper nach Paris, um offiziell aus der US-Armee auszuscheiden. Wenig später begegnete er einem alten Kameraden: Major Cedric Fauntleroy, einem Texaner, der in der französischen Fremdenlegion gedient hatte, bevor er sich nach dem Eintritt der Vereinigten Staaten in den Ersten Weltkrieg zu der berühmten 94. „Hat in the Ring"-Staffel („Hut-im-Ring"-Staffel) versetzen ließ. Cooper warb den kurz zuvor verabschiedeten Fauntleroy als Führer der neuen Jagdstaffel an, zu der bald sechs weitere entlassene amerikanische Piloten stießen: Hauptmann Arthur Kelly und die Leutnants George Crawford, Edwin „Ig" Noble und Kenneth Shrewsbury, alle vier aus der Heeresfliegertruppe; Leutnant Carl Clark aus der französischen Fremdenlegion und Hauptmann Edward Corsi, der bei den

Zwei der neuen Balilla-Jagdflugzeuge der Kosciuszko-Staffel liegen im Mai 1920 im polnischen Luck in Trümmern. Ein mit der neuen italienischen Maschine noch nicht vertrauter amerikanischer Pilot landete auf der seines Staffelchefs, wobei beide Flugzeuge völlig zu Bruch gingen.

französischen Luftstreitkräften gedient hatte. Sie reisten als Begleitpersonal eines vom Roten Kreuz entsandten Hilfszuges unerkannt nach Warschau, wo sie im September 1919 eintrafen.

Als alter Kavallerist war Marschall Pilsudski nicht recht davon überzeugt, daß Flugzeuge in der bevorstehenden Auseinandersetzung tatsächlich eine wichtige Rolle spielen würden, und beschäftigte die jungen Söldner anfangs nur mit Kurierflügen. Im Februar 1920 traten die Bolschewisten zu ihrer Offensive gegen Polen an, und im April beschloß der Marschall einen polnischen Gegenstoß an der Grenze zur Ukraine, wo Nationalisten versuchten, das russische Joch abzuschütteln. Die Kosciuszko-Staffel wurde an die polnisch-ukrainische Grenze verlegt, und die Amerikaner erkundeten dort umgehend die feindlichen Truppenbewegungen. Anfang April 1920 stellte das polnische Oberkommando ihnen neue italienische Jagdflugzeuge des Typs Ansaldo Balilla zur Verfügung, die den veralteten deutschen Typ Albatros D. III ablösten.

Die neuen Flugzeuge kamen gerade noch rechtzeitig. Am 25. April 1920 griff die polnische Armee auf breiter Front an, und Fauntleroy führte die Kosciuszko-Staffel in den Kampf gegen die bolschewistischen Truppen, Kavallerie und Nachschubzüge, die sie mit Maschinengewehren und leichten Bomben angriffen. Die russischen Luftstreitkräfte waren der polnischen Fliegertruppe überlegen, auch wenn man die Kosciuszko-Staffel mitrechnete, aber die sowjetischen Piloten ließen sich anfangs nicht auf Luftkämpfe ein, sondern zogen sich zurück, wenn feindliche Maschinen auftauchten. Dann errangen die polnischen und amerikanischen Piloten durch einen glücklichen Zufall die absolute Luftherrschaft.

Merian Cooper befand sich auf einem Routineeinsatz, als er ein riesiges weißes Zelt sichtete, das er für das Hauptquartier einer Kavalleriebrigade hielt. Er stürzte sich gemeinsam mit seinem Staffelkameraden Ig Noble auf das Zelt und durchlöcherte es mit MG-Feuer. Die Ukrainer berichteten

Nach einem weiteren eigenartigen Unfall ragt der Bug einer demolierten – in Österreich gebauten und der Kosciuszko-Staffel zugeteilten – Albatros aus einem Güterwagen, den sie bei der Landung gerammt hat. Das Sperrholzflugzeug wurde völlig zerstört, aber der Pilot überlebte.

später, in dem Zelt seien Vortrupps der sowjetischen Luftstreitkräfte untergebracht gewesen. Die durch diesen unerwarteten Angriff völlig demoralisierten bolschewistischen Piloten fuhren hastig nach Kiew zurück, das 650 Kilometer weit zurück in der Etappe lag. Cooper und Noble hatten sie – wenn auch unwissentlich – gründlich besiegt, bevor sie überhaupt in die Luft gekommen waren.

In den endlosen Weiten der Ukraine waren die Eisenbahnen von entscheidender Bedeutung für die Verlegung von Truppen und Artillerie, und die Kosciuszko-Staffel spezialisierte sich auf Angriffe auf Bahnstrecken und Güterbahnhöfe. Dann wurde Noble beim Angriff auf eine davonrasende Lokomotive durch Abwehrfeuer am rechten Ellbogen verwundet. Da sein Arm durch diese Verwundung steif blieb, verließ er Polen und kehrte in die Vereinigten Staaten zurück.

Aber als nach einiger Zeit gemeldet wurde, sein letzter Angriff habe polnischen Kriegsgefangenen die Möglichkeit gegeben, aus dem Zug in die Wälder zu flüchten, wurde Noble die höchste polnische Tapferkeitsauszeichnung, der Orden Virtuti Militari, verliehen.

Auf einem anderen Aufklärungsflug entlang einer durch Wälder führenden Bahnstrecke beobachtete Staffelchef Fauntleroy eine starke russische Kavallerieeinheit, die die Gleise verminte und einen Hinterhalt vorbereitete. Hinter der nächsten Kurve entdeckte Fauntleroy den Grund dafür: Ein Zug, der polnische Truppen transportierte, dampfte auf die Falle zu. Der Pilot flog in niedriger Höhe darüber hinweg und winkte verzweifelt, bis jemand im Zug die Notbremse zog; dann landete er auf der nächsten Lichtung, rannte zur Lokomotive und warnte das Zugpersonal vor dem Hinterhalt. Polnische Soldaten sprangen aus dem Zug, schlichen durch den Wald und fielen den sowjetischen Kavalleristen vernichtend in den Rücken. Marschall Pilsudski zeichnete später auch Fauntleroy mit dem Orden Virtuti Militari aus.

Erstaunliche Erfolge ließen die polnischen Truppen tief in die Ukraine vorstoßen. Am 7. Mai 1920 eroberten sie die Hauptstadt Kiew, und die Kosciuszko-Staffel bezog einen neuen Stützpunkt im nahe gelegenen Belaja Zerkow, um sich dort kurz zu erholen, während die Sowjets ihre Kräfte umgruppierten. Diese Erholungspause brauchten die Piloten dringend. Die mit den Leistungen der Roten Armee äußerst unzufriedene sowjetische Führung spornte die Truppe zu neuen Angriffen an und warf Verstärkungen nach vorn. Die Rote Armee griff mit neuem Mut an und vertrieb die Polen, deren Nachschublinien zu lang waren, wieder aus Kiew.

Die polnische Fliegertruppe und die Kosciuszko-Staffel wurden in den Kampf geworfen, um den russischen Vormarsch aufhalten zu helfen. Die amerikanischen Piloten waren fast ununterbrochen im Einsatz, klärten gegen sowjetische Angriffsspitzen auf, warfen Meldungen ab, um polnische Befehlshaber vor ihnen zu warnen, und griffen dann die Rotarmisten mit Bomben und Maschinengewehren an.

Bei dieser Gelegenheit wurden vermutlich erstmals Flugzeuge als Nachhut einer in vollem Rückzug begriffenen Armee eingesetzt, und die amerikanischen Freiwilligen entwickelten eine spezielle Taktik im Kampf gegen Züge und Kavallerie, durch die die Rote Armee tagelang aufgehalten wurde. Sobald sie auf einen Zug stießen, griffen die Piloten die Lokomotive mit Bordwaffen an, um sie zum Stillstand zu bringen und das Zugpersonal in die Flucht zu jagen, so daß polnische Heerestruppen dann einige Züge buchstäblich ohne Gegenwehr erbeuten konnten.

In Warschau zeichnet der polnische Staatschef, Marschall Jozef Pilsudski (zweiter von rechts) fünf Piloten der Kosciuszko-Staffel am Tag vor ihrer Entlassung 1921 mit dem Ehrenkreuz aus.

Stieß ein Pilot auf sowjetische Kavallerie, ging er auf Baumhöhe, bombardierte die Fahrzeuge und griff danach die Reiter mit MG-Feuer an. Während der Motor mit Vollgas lief, um die Pferde scheu zu machen, riß der Pilot die Nase seiner Maschine hoch und drückte sie sofort wieder nach unten, so daß seine Maschinengewehre die gesamte Kolonne bestrichen, wenn er dicht über die Köpfe der Reiter hinwegraste. Die Kavalleristen konnten nur aus den Sätteln springen, um ihre wild wiehernden Pferde an den Zügeln festzuhalten, und gleichzeitig versuchen, einige Schüsse auf das angreifende Flugzeug abzugeben.

Cedric Fauntleroys Piloten und Taktiken waren so erfolgreich, daß Marschall Pilsudski ihm vier Staffeln unterstellte – drei polnische Staffeln und die Kosciuszko-Staffel – und ihn zum Oberstleutnant beförderte. Gleichzeitig wurde Merian Cooper zum Major befördert und zum Staffelchef der amerikanischen Söldnerpiloten ernannt. Aber er sollte die Staffel nur kurze Zeit führen: Am 13. Juli 1920 verschwand er während eines Feindflugs auf rätselhafte Weise.

Da die Zahl ihrer Piloten sich rasch verringerte, begann die Kosciuszko-Staffel in den Vereinigten Staaten Freiwillige anzuwerben. Dreiundzwanzig Piloten unterschrieben, aber das Außenministerium sperrte die Reisepässe: Trotz seiner Sympathien für die polnische Sache fürchtete man in Washington, die amerikanische Bevölkerung werde eine auch nur andeutungsweise Beteiligung an einem neuen europäischen Konflikt mißbilligen. Außerdem schien ein sowjetischer Sieg über Polen bevorzustehen, so daß es wenig sinnvoll gewesen wäre, amerikanische Söldner für eine verlorene Sache in den Kampf ziehen zu lassen.

Aber als die Rote Armee bereits vor den Toren Warschaus stand, wendete sich plötzlich das Blatt. Marschall Pilsudski nutzte einen Streit zwischen rivalisierenden sowjetischen Befehlshabern aus, setzte seine Land- und Luftstreitkräfte geschickt ein und führte eine ganze Reihe verblüffender Gegenangriffe, durch die der Feind zum endgültigen, bitteren Rückzug aus Polen gezwungen wurde. Am 18. Oktober 1920 wurde ein Waffenstillstand geschlossen.

Fast sieben Monate später klärte sich Merian Coopers geheimnisvolles Verschwinden auf. Er war durch MG-Feuer abgeschossen worden und inmitten einer Kosakeneinheit notgelandet. Die jubelnden Reiter trabten mit blanken Säbeln dicht um Coopers Flugzeug herum, als er aus dem Wrack kletterte, und der Schwadronschef wies seine Männer an, den Piloten auszuziehen und zu durchsuchen. Cooper, der nichts mitführte, woran man ihn hätte identifizieren können, stand zuletzt in einer aus Überschußbeständen der US-Armee gekauften Unterhose da, die mit dem Namen „Cpl. Frank Mosher" gekennzeichnet war. Das brachte ihn plötzlich auf eine Idee. Da sein Name den Sowjets bekannt war, mußte Cooper damit rechnen, mißhandelt oder erschossen zu werden. Aber der unbekannte Corporal Frank Mosher konnte sich vielleicht als glückloser Amerikaner ausgeben, der gegen seinen Willen zum Kampf gegen die Bolschewisten gezwungen worden war.

Das war einen Versuch wert – und das Täuschungsmanöver gelang: Die Kosaken akzeptierten ihn als Frank Mosher, einen Kriegsteilnehmer wider Willen. Aber Cooper wurde nicht gerade wie ein Ehrengast behandelt, sondern kam in ein Kriegsgefangenenlager tief im Inneren Rußlands, in dem er beinahe an Typhus gestorben wäre. Nachdem er wieder zu Kräften gekommen war, brach er gemeinsam mit zwei polnischen Kriegsgefangenen aus und schlug sich mehr schlecht als recht nach Polen durch, wo er am 10. Mai 1921 wieder zu der Kosciusczko-Staffel stieß – genau einen Tag vor der Auflösung der Staffel.

ZA”
ACCIO

2

Ruhm, Geld und Ehre in Spanien

Halb Madrid schien auf den Dächern, Straßen oder an den Fenstern zu sein und sich heiser zu jubeln, als eine Staffel gedrungener Doppeldecker, in der Sowjetunion gebaute Polikarpow I.15, über die zerschossenen Häuserschluchten hinwegdröhnten. Man schrieb den 9. April 1937, und nach monatelangen Kämpfen hielten die republikanischen Truppen noch immer die alte spanische Hauptstadt, die von der rebellierenden nationalistischen Armee General Francisco Francos – hinter dem Deutschland und Italien standen – von drei Seiten belagert wurde. Durch sowjetische Jagdflugzeuge, russische Jagdflieger und eine Handvoll internationaler Söldnerpiloten gestärkt, trat die republikanische Luftwaffe erstmals nach mehreren Monaten wieder in Aktion, um die gegnerischen Stellungen in dem von Madrid durch den Fluß Manzanares getrennten Park Casa del Campo mit Bomben und Maschinengewehrfeuer anzugreifen. Das Publikum auf den Hausdächern jubelte anerkennend, als die Polikarpows sich nach einem Sturzflug auf den Feind zu einem erneuten Angriff über der Stadt sammelten.

Die lauten kleinen Doppeldecker waren nach russischem Vorbild waldgrün und auf der Unterseite in einem hellen Blaugrau gestrichen und trugen auf Rümpfen und Tragflächen das rote Band der Republikaner. Eine besonders aggressive Maschine mit der weißen Nummer 56 wurde wie gewöhnlich von einem Amerikaner geflogen, den man Francisco Gomez Trejo nannte. Er hieß in Wirklichkeit Frank Tinker und war der beste Söldnerpilot des Spanischen Bürgerkrieges. Die Begeisterung der Zuschauer erstaunte ihn: „Während wir an den höheren Gebäuden vorbeidonnerten", schrieb er später, „sahen wir die Leute auf und ab springen und mit allem winken, was ihnen gerade in die Hände fiel. Wir konnten den Jubel natürlich nicht hören – unsere Flugzeuge machten zuviel Lärm –, aber wir konnten die von ihnen ausgehenden Beifallswellen beinahe körperlich spüren."

Glücksrittern wie Frank Tinker war der Beifall besonders willkommen – und er wirkte auf sie wie ein Symbol. Seitdem Europa nach dem Ersten Weltkrieg wieder zur Ruhe gekommen war und die Revolutionswirren in der Sowjetunion sich gelegt hatten, waren die Söldnerpiloten über ein Jahrzehnt lang arbeitslos gewesen und hatten sich mit Gelegenheitsjobs im Wanderarbeiterdschungel der Luftfahrt durchschlagen müssen. Jetzt hatten sie für ihre Künste wieder einen Schauplatz gefunden: Spanien. Hier konnten sie ihre Fähigkeiten beweisen, ihren Mut erproben, den Nervenkitzel finden, unter dem sie aufblühten, ans große Geld kommen, einer

Republikanische Jagdflugzeuge, die hier am Himmel über Madrid kreisen, verteidigen die Stadt in den ersten Monaten des Spanischen Bürgerkrieges gegen Luftangriffe durch die Bomber der Nationalisten. In dieser epochalen Auseinandersetzung flogen viele Söldnerpiloten auf republikanischer Seite.

gerechten Sache dienen, mit Kameraden auf die Pauke hauen, Geschichten erzählen, schnelle Maschinen fliegen und Flugzeuge abschießen. Der Spanische Bürgerkrieg verschaffte ihnen nicht nur eine Bühne, sondern auch ein Publikum, das keineswegs nur aus Spaniern auf Hausdächern bestand. Die ganze Welt beobachtete sie und schaute wie gebannt auf die Heldentaten und die Schrecken des Krieges. Ein fliegender Glücksritter konnte internationale Anerkennung, Ruhm und vielleicht sogar die Unsterblichkeit erringen. Vielen Söldnerpiloten war dieser neue Krieg nach Jahren der erzwungenen Untätigkeit nur allzu willkommen.

Als in Europa nach dem Ersten Weltkrieg endlich Frieden herrschte, kehrten arbeitslos gewordene Flieger mit träumerischem Blick und einigen ausländischen Geldstücken, die sie in den Taschen mächtig klimpern ließen, allmählich wieder in ihre Heimatländer zurück. In Amerika wurde eine große Zahl von Piloten – zum Teil entlassene Militärflieger, zum anderen Teil langjährige Söldnerpiloten, die gerade arbeitslos geworden waren – auf ihre Landsleute losgelassen. Sie sollten lernen, auf eigenen Beinen zu stehen. Wer auf dem Boden nicht Fuß fassen konnte, hatte die Möglichkeit, bei Flugveranstaltungen und Jahrmärkten als Flugakrobat in der Luft zu bleiben. Aber manchen Fliegern genügte auch der unbestreitbare Nervenkitzel nicht, den Kunstflugvorführungen, Tragflächenakrobatik oder Fallschirmabsprünge mit sich brachten.

Männer wie Floyd Hurtial „Slats" Rodgers fanden die Gefahr und das große Geld im Alkoholschmuggel, der Ende der zwanziger und Anfang der dreißiger Jahre für ungebundene Piloten einem wirklichen Krieg am nächsten kam – es sei denn, sie wollten für verschlagene chinesische Kriegsherren fliegen. Von Paris aus gelangte Charles Kerwood, der praktisch in Luftkämpfen über Schützengräben aufgewachsen war, auf den Balkan, wo Griechenland und die Türkei erneut Krieg gegeneinander führten. Kerwood flog im Jahre 1922 kurze Zeit für Griechenland, bevor er nach Paris zurückkehrte. Dort erfuhr er, daß die Franzosen einen Aufstand in Nordafrika niederschlugen; er erbot sich, eine aus amerikanischen Freiwilligen bestehende Staffel für die marokkanische Front aufzustellen, und flog bald Einsätze gegen die Reiterscharen der Berber.

Dean Ivan Lamb, der im Jahre 1913 Phil Rader einen folgenlosen Luftkampf über der mexikanischen Wüste geliefert und dabei seinen Revolver leergeschossen hatte, machte sich nach Mittelamerika auf. Nach seiner Tätigkeit für Pancho Villa hatte Lamb dem britischen Royal Flying Corps als Pilot angehört und behauptet, einen der ersten deutschen Gotha-Bomber, der über englischem Boden abstürzte, abgeschossen zu haben. Nach dem Waffenstillstand in Europa hatte er sich als Postflieger auf der Strecke New York–Chicago über Wasser gehalten, bevor er nach Südamerika ging, um sich sein Geld als Luftkurier zu verdienen. Im Jahre 1921 machte er für kurze Zeit von sich reden, als ihm angeblich der erste Flug über den 3350 Meter hohen Gebirgszug zwischen den Städten San Pedro Sula und Tegucigalpa in Honduras gelungen war.

Nach Lambs eigener, durch Übertreibungen ausgeschmückter Schilderung seiner Abenteuer zog er dann nach Süden, nach Buenos Aires, weiter, wo er sich einer wilden Bande arbeitsloser europäischer Jagdflieger anschloß und von beiden am Bürgerkrieg in Paraguay beteiligten Parteien das Angebot erhielt, die Führung ihrer schwachen Fliegertruppe zu übernehmen. Lamb behauptete, er habe sich für die Seite mit den meisten Flugzeugen entschieden und die andere Fliegertruppe seinem Freund, dem italienischen Piloten Mazzolini, „geschenkt". Lamb prahlte, er und die anderen Piloten hätten es verstanden, sich so überzeugende Scheinluftkämpfe zu liefern, daß sie nie Ernst machen mußten, um ihre jeweiligen

Die Höhenflüge des „Schwarzen Adlers"

Hubert Fauntleroy Julian, der sich gern als der „Schwarze Adler" bezeichnete, war geradezu ein lebendes Beispiel für die Schneidigkeit, die für so viele fliegende Glücksritter charakteristisch war. Im Laufe seiner langen Karriere war der elegante Julian, einer der ersten farbigen Piloten, Fallschirmartist, Söldnerpilot und internationaler Waffenhändler. Wohl am bekanntesten wurde er jedoch durch sein kurzes Gastspiel als Kommandeur der Fliegertruppe des äthiopischen Kaisers Haile Selassie.

Julian, der im Jahre 1930 nach Äthiopien eingeladen worden war, um anläßlich der Krönungsfeierlichkeiten des afrikanischen Herrschers Kunstflüge und Fallschirmabsprünge vorzuführen, beeindruckte seinen Gastgeber bei einer Generalprobe so sehr, daß er als Belohnung die äthiopische Staatsbürgerschaft, den Dienstgrad eines Obersten und den Oberbefehl über die damals lediglich aus drei Flugzeugen bestehenden Luftstreitkräfte des Kaisers erhielt. Das Glanzstück dieses Trios, eine De Havilland Gypsy Moth, war Haile Selassies Privatflugzeug, der angeordnet hatte, die Maschine dürfe nicht vor der Krönung geflogen werden.

Unbekümmert um den kaiserlichen Befehl und aus dem Wunsch heraus, die Massen zu beeindrucken, die zusammengeströmt waren, um eine zwei Tage vor der Krönung stattfindende Generalprobe zu sehen, startete Julian heimlich mit der kostbaren Maschine, röhrte über die versammelten Zuschauer hinweg und führte einige Kunstflugfiguren vor. Als er zu einem niedrigen Überflug herabstieß, zog er vergeblich am Steuerknüppel, um das Flugzeug abzufangen: Die unerprobte Gypsy Moth reagierte nicht.

Julians Belohnung für die daraus entstehende Bruchlandung war eine Rückfahrkarte nach Amerika. Bei seiner Ankunft in New York wehrte der unbezähmbare „Schwarze Adler" alle Kritik ab. „Ich kann mit Bestimmtheit sagen", erklärte er Reportern, „daß der Kaiser und ich bei meiner Abreise als die besten Freunde voneinander schieden."

Im Jahre 1930 strahlt der elegante Oberst Julian bei seiner Rückkehr aus Äthiopien nach New York Selbstbewußtsein aus. Der ehemalige Kommandeur der äthiopischen Fliegertruppe führte seine Entlassung auf neidische Untergebene zurück, die ihn angeblich „sogar zu vergiften versuchten, nachdem sie sich an jedem Flugzeug, das ich geflogen habe, zu schaffen gemacht hatten".

Julian bildet Rekruten aus. 1935 wieder in Äthiopien, wollte er gegen die italienischen Invasoren fliegen, erhielt vom Kaiser aber ein strenges Flugverbot.

Arbeitgeber zufriedenzustellen. Die Lektion, die Lamb aus seinem unblutigen mexikanischen Luftkampf mit Rader gelernt hatte, wurde schließlich für professionelle Zwecke genutzt.

Angesichts der Weltwirtschaftskrise, die in den dreißiger Jahren ausbrach und es den Piloten noch schwerer machte, Arbeit zu finden, waren solche Betrügereien vielleicht noch zu entschuldigen. Nicht zu überwinden war jedoch bald die chronische Langeweile. Buschkriege und unbedeutende Revolutionen brachten Beschäftigung für kurze Zeit, aber keine sicheren Arbeitsplätze. Söldnerpiloten waren stets unterwegs, kehrten aus einem Land heim, reisten in ein anderes ab und prahlten laut mit ihren Erfolgen, um die Stille um sie herum zu übertönen. Manche von ihnen versuchten Wettflüge zu gewinnen, unternahmen Langstreckenflüge, um Rekorde aufzustellen, oder steuerten die Flugzeuge von Polarforschern. In der Zeit zwischen solchen Gelegenheitsarbeiten schienen sie ständig auf etwas zu warten, was dann doch nicht eintrat. Das wirkliche Leben unterschied sich nicht allzu sehr von den in Hollywood wie am Fließband produzierten Filmporträts der dreißiger Jahre – von dem Bild des ehemaligen Jagdfliegers, der sich im Frieden nicht zurechtfindet und neben den wirtschaftlich ruinierten Cowboys wie gelähmt erscheint.

Für den harten Kern der Glücksritter, vor allem für die unzufriedenen Abenteurer und die Idealisten, für die der Einsatz für eine gerechte Sache ein wesentlicher Bestandteil der Fliegerei war, mußte irgend etwas geschehen. Im Jahre 1936 erfüllte sich ihr Wunsch endlich in Spanien, wo rechtsgerichtete Nationalisten unter Führung von Francisco Franco einen Bürgerkrieg führten, um die demokratisch gewählte, auf dem linken Flügel stehende republikanische Regierung (deren Anhänger Loyalisten hießen) zu stürzen. Am Vorabend des Zweiten Weltkrieges kämpften und fielen dort Söldnerpiloten in einem neuartigen, eiskalt geführten Luftkrieg über den verschneiten Gipfeln des Guadarrama-Gebirges nördlich von Madrid, über den zerklüfteten Bergen des Baskenlandes und über den erdbraunen Tälern Andalusiens. Als der Spanische Bürgerkrieg zu Ende gegangen war, spürte selbst der naivste Idealist, der so rasch wie möglich nach Spanien geeilt war, um in den Internationalen Brigaden zu kämpfen, daß dies lediglich ein grausames Vorspiel gewesen war und daß der Erde eine gewaltige Katastrophe bevorstand.

Allein durch leidenschaftliche Anteilnahme unterschieden sich die Piloten in Spanien von den jungen Söldnerpiloten, die im vergangenen Jahrzehnt in den entlegensten Gebieten der Welt geflogen waren. Viele der auf republikanischer Seite kämpfenden Jagdflieger betrachteten den Bürgerkrieg als Verzweiflungskampf zur Rettung Spaniens vor einem faschistischen Emporkömmling und Tyrannen, dessen Rebellion wahrscheinlich fehlgeschlagen wäre, wenn Adolf Hitler und Benito Mussolini sie nicht so energisch unterstützt hätten. Die wenigen Söldnerpiloten, die an der Seite der Deutschen und Italiener für die Nationalisten flogen, waren der Überzeugung, einen dringend erforderlichen Schlag gegen das kommunistische Rußland zu führen, das den Republikanern zur Hilfe kam.

Einige der für die Republikaner fliegenden amerikanischen Söldnerpiloten empfanden die Tatsache, daß die Vereinigten Staaten sich für neutral erklärt hatten und sich weigerten, der spanischen Regierung oder Franco Kriegsmaterial zu verkaufen, als untragbar. Zwei von ihnen, Derek Dickinson und Eugene Finick, richteten einen leidenschaftlichen Appell an Außenminister Cordell Hull:

„Als Piloten und (in der Vergangenheit) loyale amerikanische Bürger fordern wir die Regierung der Vereinigten Staaten von Amerika dringend auf, die Maßnahmen einzustellen, die bisher verhindert haben, daß die von der Mehrheit des spanischen Volkes gewählte, rechtmäßige spanische Regierung Hilfe und Unterstützung erhält." In dem durch den amerikanischen Luftwaffenattaché in Valencia, Hauptmann Townsend Griffiss, nach Washington weitergeleiteten Schreiben wurde betont, Spanien brauche amerikanische Hilfe, „um der Landsknechtsherrschaft der Faschisten unter Franco Widerstand leisten zu können". Die Piloten drückten die Befürchtungen vieler Europäer und Amerikaner aus, als sie feststellten: „Wir kämpfen nicht um des Krieges willen, sondern um eine erneute Katastrophe, die dem europäischen Konflikt von 1914 entspräche, zu verhindern."

Tatsächlich war die Iberische Halbinsel zu einem Versuchsfeld für den nächsten Krieg, vor allem den Luftkrieg der Zukunft, geworden. Militärische Beobachter Deutschlands, Italiens, Englands, Frankreichs und der Vereinigten Staaten verfolgten die Kämpfe und bewerteten die Wirksamkeit von Maschinengewehren, Bombenabwurfvorrichtungen, Jäger- und Bombereinsätzen, Kampfformationen und die Vorteile höherer Geschwindigkeit gegenüber größerer Wendigkeit von neuen Flugzeugen.

Ganze Staffeln ausländischer Militärpiloten wurden nach Spanien entsandt, um Erfahrungen im Luftkampf zu sammeln. Hunderte von italienischen Piloten trafen mit wendigen Fiat-Jagdflugzeugen ein, um Tausende von italienischen Infanteristen zu unterstützen, die für Francos Sieg kämpften. Aus Deutschland kamen Schwärme von Luftwaffenpiloten, und der Himmel über Spanien wurde bald von Hitlers Legion Condor mit ihren Heinkel- und Messerschmitt-Jägern und den tödlichen Stukas beherrscht. Ihre Gegner waren sowjetische Piloten mit Doppeldeckern vom Typ Polikarpow I.15, dem die Spanier den Spitznamen „Chato" (Stupsnase) gegeben hatten, und den kampfstarken Eindeckern Polikarpow I.16 mit dem Spitznamen „Mosca" (Fliege).

Außer den deutschen, italienischen und russischen Piloten, die von ihren Regierungen entsendet wurden, gab es mehrere Gruppen unabhängiger Freiwilliger, von denen eine – die Escuadrilla (Staffel) España – von dem engagierten französischen Schriftsteller André Malraux aufgestellt worden war *(S. 47–49)*.

Andere Söldnerpiloten trafen einzeln ein, darunter Engländer, Jugoslawen, Niederländer, Schweizer, Franzosen, Tschechen und Amerikaner. Im allgemeinen wurden sie mit irgendwelchen alten Flugzeugen, die gerade zur Verfügung standen, als Aufklärer oder Bomber eingesetzt und blieben selten länger als ein paar Monate. Die Kämpfe waren blutiger, als sie es sich jemals hatten träumen lassen.

Eine der ersten auf dem Kriegsschauplatz eintreffenden Gruppen amerikanischer Abenteurer mußte sehr bald feststellen, daß der Todeskampf Spaniens für sie nicht nur Nervenkitzel und schnellverdientes Geld bedeutete. Das prominenteste Mitglied dieser glücklosen Gruppe war Bert Acosta, der auf Korvettenkapitän Richard E. Byrds Transatlantikflug im Jahre 1927 der Pilot von Byrds Maschine gewesen war. Mit ihm kamen der Rennflieger Edward Schneider sowie Gordon Berry und Major Frederick Lord, die im Ersten Weltkrieg beide auf englischer Seite gekämpft hatten. Als sie sich im November 1936 in New York einschifften, sollten sie 375 Dollar pro Woche und zusätzlich eine Prämie für jedes abgeschossene nationalistische Flugzeug erhalten.

Bei ihrer Ankunft auf dem Einsatzflugplatz stellte sich heraus, daß die vier Amerikaner veraltete Sport- und Verkehrsflugzeuge fliegen sollten, die zwar mit Bombenschächten ausgerüstet waren, aber keine Maschinengewehre mitführten. Lord schrieb später: „Diese Flugzeughalle enthielt zwei englische Miles-Sportmaschinen, mehrere Monospars mit winzigen Pobjoy-Motoren, ein altes Farman-Kabinenflugzeug mit J-6-Motor, einen zweisitzigen Vickers-Aufklärer mit einem Propeller, der wie ein Telephonmast aussah, ein Verkehrsflugzeug des Typs Fokker Trimotor J-6 und zwei zweisitzige Breguet-Bomber aus dem Jahre 1925." Auf anderen Flugplätzen stellten die Republikaner ebenso veraltete Maschinen der Typen Nieuport, Loire und Potez bereit sowie einige De-Havilland-Flugzeuge aus dem Ersten Weltkrieg. Kommentar des Piloten Eugene Finick: „Wir hätten Flugzeuge aus der Sammlung der Smithsonian Institution geholt, wenn wir sie bekommen hätten."

Acosta und seine Kameraden sollten jeden Tag bis zu 50 Kilometer tief in feindliches Gebiet eindringen, ihre Bomben werfen und umkehren, wobei nach Möglichkeit Chatos als Begleitschutz mitfliegen würden. Aber ihr Einsatz begann wenig vielversprechend, als Lord dem spanischen Staffelführer zu demonstrieren versuchte, wie gefährlich die Flugzeuge in Wirklichkeit waren. Nach Lords Darstellung startete er mit seinem Staffelchef in einem Breguet-Doppeldecker und hatte eben 600 Meter Höhe erreicht, als die obere Tragfläche auseinanderbrach. Der Spanier forderte Lord durch Zeichen auf, noch höher zu steigen, damit sie mit ihren Fallschirmen aussteigen konnten, aber der Amerikaner weigerte sich, diesen Befehl auszuführen – er hatte beobachtet, wie Männer des Bodenpersonals auf den seidenen Fallschirmen auf dem nassen Hallenboden schliefen, und wußte, daß nasse Seide sich nur schwer entfaltet. Deshalb nahm Lord lieber das Risiko auf sich, mit der beschädigten Tragfläche zu landen. Aber sobald die Maschine stand, ließ der aufgebrachte spanische Offizier Lord festnehmen; nur das Einschreiten einiger stämmiger spanischer Flugzeugmechaniker bewahrte ihn davor, an die Wand gestellt zu werden.

Noch stärker provozierten die Amerikaner die Spanier durch ihr Freizeitverhalten, das durch Trinkgelage und Schlägereien gekennzeichnet war. Und sie benahmen sich in der Luft nicht sehr viel besser. Wie aus einem Geheimdienstbericht der amerikanischen Botschaft hervorging, hatte Acosta es sich angewöhnt, mit einer Cognacflasche in der einen Hand und einer Zigarette in der anderen zu fliegen. Seine Kameraden, hieß es in dem Bericht weiter, behaupteten steif und fest, er sei ein so brillanter, instinktiv richtig reagierender Pilot, daß er nicht bei vollem Bewußtsein sein müsse, um seine Einsätze zu fliegen.

Bis Weihnachten war das Verhältnis zu den Spaniern so schlecht geworden, daß Acosta und seine Kameraden es für besser hielten, das Unternehmen aufzugeben. Damals flogen sie im Baskenland im Nordwesten Spaniens. Jenseits des Golfs von Biscaya lockte Frankreich, und die Amerikaner charterten ein Boot, das sie von Bilbao nach Biarritz schmuggeln sollte. Aber bevor sie auslaufen konnten, bekamen die Spanier Wind von ihrem Vorhaben, erschossen den Bootsführer und schleppten die vier einfältigen Abenteurer ins Luftfahrtministerium in Valencia. Die dort stattfindende Auseinandersetzung endete damit, daß Bert Acosta von kräftigen Fäusten aus dem Ministerium hinausgeworfen wurde. Die Flitterwochen waren vorüber. Die widerspenstigen Amerikaner erhielten die Erlaubnis, Spanien zu verlassen, und wurden zur französischen Grenze gebracht. Von Frankreich aus kehrten sie anschließend mit dem Passagierschiff *Paris* in die Heimat zurück.

Als sie in New York von Bord gingen, schilderten sie den gespannt lauschenden Reportern ihre Erlebnisse. Sie wurden außerdem von Bundesbeamten vernommen, die ihre Pässe beschlagnahmten und sie vor einer Spruchkammer anklagten, die damals die Anwerbung von Amerikanern zum Kampf in Spanien untersuchte. Das Außenministerium, dem es darum ging, Amerikas Neutralität zu betonen, hatte ein Gesetz aus dem Jahre 1907 ausgegraben, das jedem Amerikaner, der „einem fremden

André Malraux (links), Kommandeur der España-Staffel, und Abel Guides, sein späterer Nachfolger, vor einem der Potez-Bomber der Staffel. Obwohl Malraux selbst kein Pilot war, flog er 65 Einsätze als Bomben- und Bordschütze.

Dieses Plakat wirbt für den im Jahre 1938 von Malraux gedrehten Film „Espoir" (Hoffnung), der auf den Erlebnissen seiner Staffel basierte. Unter dem gleichen Titel erschien auch ein von Malraux geschriebener Roman über den Bürgerkrieg.

Malraux' unkonventionelle Bomberstaffel

Nachdem im Juli 1936 der Spanische Bürgerkrieg ausgebrochen war, gehörte der französische Schriftsteller André Malraux zu den ersten Ausländern, die den Republikanern zu Hilfe kamen. Er sammelte Geld, um französische Flugzeuge – hauptsächlich Bomber des Typs Potez 540 – für die Republikaner zu kaufen, die ihn dann Söldnerpiloten anwerben ließen.

Malraux' Staffel España wurde der Mittelpunkt einer betriebsamen Kaffeehausgesellschaft aus Journalisten und Schlachtenbummlern, die sich im Madrider Hotel Florida zusammenfand. Nach Schilderung eines Biographen erschien Malraux stets „frisch rasiert zu abendlichen Cocktails, erzählte verrückte Luftkampfdetails und erläuterte die militärische und politische Lage". Trotz ihres unbestreitbaren Flairs kämpfte die Staffel nicht besonders erfolgreich: Sie verlor bis Dezember 1936 die Hälfte ihrer Besatzungen und Flugzeuge und ging später in den republikanischen Luftstreitkräften auf.

Ein Jagdflugzeug des Typs Dewoitine 372 rollt am 6. August 1936 in Frankreich zum Flug nach Spanien an. Zwei Tage später unterzeichnete der französische Ministerpräsident Léon Blum eine Vereinbarung, die Waffentransporte über die französisch-spanische Grenze untersagte.

Angehörige von Malraux' Staffel stehen vor einem Bomber Potez 540, einer schwerfälligen Maschine, die für feindliche Jäger zur leichten Beute wurde.

Eine Dewoitine des von der España-Staffel geflogenen Typs stürzt nach einem verlorenen Luftkampf, eine Rauchfahne hinter sich herziehend, ab.

Staat den Treueid leistete", die Staatsbürgerschaft aberkannte. Bert Acosta und seine Kameraden hatten es jedoch sorgfältig vermieden, einen derartigen Eid zu leisten, und gingen straffrei aus. Das Außenministerium war außerdem bemüht, Amerikaner daran zu hindern, sich einer der beiden Seiten im Spanischen Bürgerkrieg anzuschließen, indem es alle Reisepässe mit dem Stempelabdruck „Nicht gültig für Reisen nach Spanien" versah. Dadurch gewann es die Möglichkeit, die Pässe der trotzdem dorthin reisenden Amerikaner mit der Begründung einzuziehen, die Ausstellung sei unter Vortäuschung falscher Tatsachen erschlichen worden. Die Aberkennung der Staatsbürgerschaft war eine extreme Maßnahme. Der Regierung ging es vor allem darum, die Anwerbung amerikanischer Freiwilliger durch ausländische Agenten mit Hilfe eines Gesetzes zu verhindern, das Amerikanern nicht nur Söldnerdienste verbot, sondern auch jedermann untersagte, andere dazu zu bewegen, die Vereinigten Staaten mit der Absicht zu verlassen, sich als Soldat anwerben zu lassen oder in den Dienst einer ausländischen Regierung zu treten.

Die Strafandrohungen solcher Gesetze hielten ungezählte Amerikaner davon ab, als Freiwillige in Spanien zu kämpfen. Aber sie konnten nicht verhindern, daß eine neue Gruppe amerikanischer Piloten entstand, deren Mitglieder so fähig und energisch waren, daß sie den mürrischen Respekt des republikanischen Oberkommandos gewannen, die Billigung hoher sowjetischer Offiziere fanden und sogar die wachsame Aufmerksamkeit der deutschen Elitepiloten der Legion Condor auf sich zogen.

Zu Hause in De Witt, Arkansas, sehnte sich der 27jährige Frank G. Tinker jr. nach Abenteuern und wollte im Spanischen Bürgerkrieg mitkämpfen, wußte anfangs aber nicht recht, auf wessen Seite er sich schlagen sollte. „Nach der heldenhaften Verteidigung des Alcázar von Toledo", erinnerte er sich später, „neigte ich eher zu den Rebellen. Dann kam die Bombardierung Madrids, und meine Sympathie schwenkte zu den Loyalisten um. Diese Sympathie verstärkte sich noch, als ich erfuhr, daß umgebaute Junkers-Bomber Madrid verwüstet hatten. Das bedeutete Hitlers Werk. Als ich dann noch entdeckte, daß Mussolini Schritte unternahm, die einem militärischen Eingreifen in Spanien gleichkamen, beschloß ich, der Loyalisten-Regierung meine Dienste als Jagdflieger anzubieten."

Ende 1936 schrieb Tinker gleichlautende Briefe an den spanischen Botschafter in Washington, den spanischen Generalkonsul in New York und den spanischen Botschafter in Mexico City und zählte seine Qualifikationen auf. Dazu gehörten die Ausbildung an der United States Naval Academy (Marineakademie) in Annapolis, Maryland, die Weiterbildung auf der Heeresfliegerschule Randolph Field, Texas, und der Abschluß der Marinefliegerschule Pensacola, Florida. Die Spanier in New York und Washington gingen nicht auf seine Bewerbung ein – wahrscheinlich um die amerikanische Regierung nicht zu verärgern. Aber der spanische Botschafter in Mexiko reagierte: Er forderte Tinker telegraphisch auf, sofort zu kommen und einen Vertrag zu unterschreiben.

Die spanische Botschaft in Mexico City hatte durch Zufall bereits einen anderen erstklassigen amerikanischen Militärflieger entdeckt: Harold Dahl. Der hagere 27jährige Dahl, der den Spitznamen „Whitey" seinem weißblonden Haar verdankte, hatte in Mexiko Zuflucht vor Glücksspielern aus Los Angeles gesucht, bei denen er Spielschulden mit ungedeckten Schecks bezahlt hatte. Dahl, der aus Champaign, Illinois, stammte, hatte im Jahre 1933 die Heeresfliegerschule auf Kelly Field in San Antonio, Texas, absolviert. Nach seiner aktiven Dienstzeit schied er als Leutnant der Reserve aus, aber als die Heeresführung 1936 erfuhr, daß er in Los

Die Piloten Bert Acosta (links) und Gordon Berry treffen im Januar 1937 unbeschwert lächelnd an Bord eines Ozeandampfers in New York ein, nachdem sie im Spanischen Bürgerkrieg nur einen Monat lang auf republikanischer Seite gekämpft haben. Einer ihrer Kameraden erklärte, sie seien wegen „angeblicher Undisziplinertheit und Trinkgelage" entlassen und heimgeschickt worden.

Angeles wegen seiner Spielleidenschaft und Scheckbetrügereien verurteilt worden war, wurde ihm der Reservedienstgrad aberkannt. Nach Mexiko begleitete ihn eine wohlgeformte blonde Geigerin und Tänzerin namens Edith Rogers, die am Broadway in *Earl Carroll's Vanities* und mit dem Orchester Rudy Vallee als Sängerin aufgetreten war.

Dahl handelte mit den Spaniern einen recht vorteilhaften Vertrag aus: Er sollte 1500 Dollar im Monat sowie 1000 Dollar Prämie für jedes von ihm abgeschossene nationalistische Flugzeug bekommen. Er wußte nicht allzuviel über die politische Situation in Spanien und interessierte sich auch nicht sonderlich dafür. Aber der Verdienst war gut, und Dahl brachte seine neuen Arbeitgeber nach zähem Feilschen dazu, auch Edith die Überfahrt nach Spanien zu bezahlen. Vielleicht um seine Forderung plausibler zu machen oder weil er verliebt war, ließ er sich in Mexiko mit Edith standesamtlich trauen – eine Art der Eheschließung, die damals in den Vereinigten Staaten im allgemeinen nicht anerkannt wurde.

Dahl sollte nach New York reisen und von dort aus gemeinsam mit anderen Piloten, darunter auch Frank Tinker, an Bord des Ozeanriesen *Normandie* nach Frankreich weiterreisen. Aber er war vom Pech verfolgt. Sobald er mit einem auf den Namen Hernando Diaz Evans ausgestellten spanischen Paß in die Vereinigten Staaten zurückkehrte, wurde er an seinen alten Tummelplätzen in San Antonio erkannt und von der Polizei verhaftet, weil bekannt war, daß er in Los Angeles mit dem Gesetz in Konflikt gekommen war. Nach einem Wochenende hinter Gittern fand Dahl jedoch einen Anwalt, der seine Freilassung erreichte, nachdem er den Sachverhalt „zur Zufriedenheit des Gerichts" erläutert hatte.

Nachdem Dahl in Texas freigekommen war, überlegte er sich, daß es unklug wäre, nach New York zu fahren und dort eine neuerliche Verhaftung zu riskieren. Er schiffte sich mit Edith von einem mexikanischen Hafen aus nach Spanien ein. Das war ein kluger Entschluß. Wäre er nach New York gereist, hätte er sich vermutlich nicht zu seinen Kameraden an Bord der *Normandie* gesellen können. Unterdessen hatte nämlich das Kriegsmi-

nisterium, das einen Hinweis auf seine Anwerbung durch die Spanier erhalten hatte, das Außenministerium alarmiert, und Whitey Dahl war zum Thema einer wachsenden Korrespondenz zwischen dem Chef des Heeresgeneralstabs und dem Außenministerium geworden.

Frank Tinker fiel es etwas leichter, keine Aufmerksamkeit zu erregen. Mit einem spanischen Reisepaß auf den Namen Francisco Gomez Trejo und einem Vertrag, der dem Dahls entsprach, ging er wie geplant in New York an Bord der *Normandie*. Bei der Paßkontrolle wurde er von Bundesbeamten ausgefragt, die sich für seinen Paß interessierten. Mit seinem breiten Südstaatenakzent – er sprach seinen eigenen Namen „Tanker" aus – behauptete er, der Sohn spanischer Mexikoeinwanderer zu sein, die illegal in die Vereinigten Staaten gekommen und dann gestorben seien, so daß er als Vollwaise in Arkansas aufgewachsen sei. Er kehre lediglich ins Land seiner Väter zurück. Die Beamten blieben vermutlich mißtrauisch, aber ließen ihn passieren. Tinker reiste allein, denn die übrigen Piloten hatten sich, wie Dahl, für andere Reiserouten entschieden.

Tinker und Dahl gehörten zu einer Gruppe von fünf hervorragend ausgebildeten amerikanischen Jagdfliegern, die etwa zur gleichen Zeit angeworben worden waren; die drei anderen hatten sich in New York unter der Bedingung verpflichtet, daß sie ihre Verträge in Spanien erhalten würden, sobald sie bewiesen hatten, daß sie Jagdflugzeuge fliegen konnten. Es handelte sich um James Allison aus Texas, Charles Koch aus New York und Albert J. Baumler aus New Jersey. Tinker stieß auf dem republikanischen Luftstützpunkt Los Alcazares zu ihnen, wo sie mit Breguets aus dem Jahre 1925 ihre Probeflüge absolvieren mußten. Tinker und Dahl bestanden diese Prüfung mühelos und waren wenig später mit Allison und Koch zu einem weiteren Flugplatz in Manises unterwegs. (Baumler bestand die Prüfung ebenfalls, wurde aber nach Alicante versetzt.) In Manises sollten sie mit einer Gruppe englischer Freiwilliger einmotorige Breguet-Bomber fliegen.

Die anglo-amerikanische Staffel flog ihren ersten Einsatz gegen ein Ziel in der Nähe von Teruel, wo erbittert gekämpft wurde. Der Einsatz war ein Fiasko. Die Piloten sollten das gleiche Ziel wie eine vorausfliegende Staffel vor ihnen bombardieren. Aber die erste Staffel wurde durch italienische Fiats abgedrängt und kam nicht dazu, ihre Bomben zu werfen. Da Tinkers Gruppe nicht wußte, wo sie angreifen sollte und keine Verbindung zu der anderen Staffel hatte, mußte sie umkehren. Bei der Landung riß einer der Flieger seine Maschine herum, um einem anderen Flugzeug auszuweichen, und machte einen Kopfstand auf der Landebahn. Pilot und Beobachter blieben unverletzt, aber der Breguet-Bomber war total zerstört.

Die vier Amerikaner dieser glücklosen Staffel bewährten sich bald als Bomberpiloten und wurden zu einer neuaufgestellten Jagdstaffel versetzt, was sie sehr begrüßten. Noch willkommener war ihnen die Mitteilung, daß sie den sowjetischen Chato-Doppeldecker fliegen würden, der zu den besten damals in Spanien eingesetzten Jägern gehörte. Ihr zukünftiger Staffelführer war der schwarzhaarige Hauptmann Andrés García La Calle, der es vom Feldwebel zum Offizier gebracht und sich als Jagdflieger mit einer veralteten Nieuport ausgezeichnet hatte.

Tinker und seine Kameraden übten einige Tage lang das Fliegen im Verband, schossen auf Ziele, die von einer russischen Maschine geschleppt wurden, und machten sich mit den Chatos vertraut. Wie Tinker entdeckte, stammten zwar Rumpf und Tragflächen aus der Sowjetunion, aber die Motoren waren in New Jersey hergestellte Wright Cyclones. Im Gegensatz zu den übrigen Flugzeugen, die er in Spanien geflogen hatte, bereitete die Chato ein fliegerisches Vergnügen. Die Maschine war fast so schnell und

Bei einem Luftangriff in den ersten Monaten des Spanischen Bürgerkrieges zerstören drei republikanische Bomber des Typs Breguet XIX eine Brücke auf nationalistischem Gebiet. Solche Maschinen wurden Anfang 1937 unter anderem von den amerikanischen Söldnerpiloten Frank G. Tinker und Harold E. „Whitey" Dahl geflogen.

Harold E. „Whitey" Dahl, der hier neben seiner Polikarpow I.15 Chato mit der Nummer 54 steht, war nach dem Urteil seines Staffelchefs Andrés García La Calle ein hervorragender Pilot und „angriffsfreudiger" als sein Landsmann, der amerikanische Söldnerpilot Frank Tinker (gegenüber).

wendig wie die Boeing F-4B, die Tinker in seiner Dienstzeit bei der amerikanischen Marine geflogen hatte. Die Amerikaner beeindruckten ihre spanischen Vorgesetzten durch die mühelose Beherrschung der Chatos und wurden nach zwei Wochen auf einen Fliegerhorst bei Guadalajara versetzt – allerdings ohne Charlie Koch, der sich nicht an die spanische Küche gewöhnen konnte und bald im Krankenhaus lag.

„In Guadalajara entdeckten wir zehn schnittig wirkende Eindecker-Jagdflugzeuge", berichtete Tinker später, wobei er fälschlicherweise annahm, diese Flugzeuge seien „fast genaue Kopien unserer amerikanischen Heeres-Jagdflugzeuge des Typs P-26". Tatsächlich hatte er sowjetische Moscas gesehen, die mit Einziehfahrwerk, guter Stromlinienform und starkem Motor den amerikanischen P-26 weit überlegen waren. Aber nicht jedermann durfte die Moscas fliegen. „Sie wurden von erfahrenen russischen Jagdfliegern gesteuert", schrieb Tinker. „Wenn wir uns während des gesamten Krieges bewährten, würden wir diese Maschinen vielleicht fliegen dürfen, nachdem der Waffenstillstand unterzeichnet war."

Ein großes Gebäude am Rande des Flugplatzes war mit Teppichen und Vorhängen aus dem Palast eines spanischen Herzogs ausgestattet worden und stand den ausländischen Piloten zur Verfügung. Dort lernten die Amerikaner und Russen einander kennen. „Alle benutzten spanische Namen", erinnerte Tinker sich. „Der russische Kommandeur, Hauptmann Ramón, interessierte sich besonders für uns Amerikaner. Die Russen waren seit etwas über zwei Monaten da, so daß ihre Spanischkenntnisse ungefähr so beschränkt wie unsere waren. Beide Seiten waren auf Dolmetscher angewiesen. La Calle hatte uns gesagt, wie gering unsere Chancen waren,

Frank G. Tinker, der berühmteste Söldnerpilot auf republikanischer Seite, lehnt am Leitwerk seiner Chato Nr. 56. Sein Staffelchef García La Calle stellte fest: „Tinker war am besten als mein Nachfolger qualifiziert. Er war über der Front diszipliniert, erfolgreich und verantwortungsbewußt."

jemals diese Eindecker fliegen zu dürfen, deshalb gaben wir uns keine Mühe, die Russen für uns einzunehmen."

Die Amerikaner wuchsen in Guadalajara zu einer festen Gruppe zusammen: Tinker, Dahl, Allison und Ben Leider, ein New Yorker Journalist, der Mitglied der Kommunistischen Partei und ohne militärische Flugerfahrung nach Spanien gekommen war, um für die Sache der Republikaner zu kämpfen. „Ben hatte ein ernsthaftes Anliegen", berichtete Tinker einmal und fügte hinzu, daß Leider „uns manchmal sehr ausführliche Vorträge über Weltpolitik hielt. Ich gehörte keiner Partei an, aber zwischen Ben und mir hat es oft Auseinandersetzungen wegen des Gesellschaftssystems in den Südstaaten gegeben. Er ist von uns anderen wegen der Tatsache, daß er sich freiwillig ohne militärische Ausbildung als Jagdflieger gemeldet hatte, sehr bewundert worden."

Mit seiner blonden Mähne und frischen Gesichtsfarbe unterschied Whitey Dahl sich am deutlichsten von den Spaniern. Er hatte Edith in einem Hotel in Valencia untergebracht, aber sie fand, das gesellschaftliche Leben unter Kriegsbedingungen lasse zu wünschen übrig. Whitey war schließlich damit einverstanden, daß sie nach Cannes an der französischen Riviera umzog, wo sie ihre langen einsamen Stunden besser nutzen konnte – mit Hilfe seines guten Gehalts und der Prämien, auf die sie hofften. „Dahl schrieb ihr unaufhörlich. Seine Verliebtheit in seine Frau", beobachtete Tinker, „setzte die Spanier immer wieder in Erstaunen."

Nach der Eingewöhnungszeit in Guadalajara begann für die Piloten der „Amerikanischen Patrouille", wie die Gruppe genannt wurde, der Ernst des Luftkrieges. Als erstes sollten sie zwei feindliche Munitionsfabriken an

Ein wendiges Kampfflugzeug

„Praktisch jeder spanische Pilot auf republikanischer Seite war bereit, dem Teufel seine Seele für das Vorrecht zu verkaufen, damit fliegen zu dürfen", schrieb der amerikanische Söldnerpilot Frank Tinker über die Polikarpow I.15, ein äußerst wendiges Jagdflugzeug. Seine Worte waren auch kein leeres Lob, denn der russische Doppeldecker, den seine spanischen Piloten „Chato" (Stupsnase) nannten, brachte tatsächlich eine Wende im Luftkrieg über Spanien, als er im November 1936 auf seiten der Loyalisten – der Republikaner – in Dienst gestellt wurde.

Die Chato, eine Konstruktion des bekannten russischen Konstrukteurs Nikolai Polikarpow, wurde von einem luftgekühlten 700 PS starken Sternmotor angetrieben, der ihr eine Höchstgeschwindigkeit von 365 Stundenkilometern und eine Anfangssteiggeschwindigkeit von etwa 15 Metersekunden verlieh. Die Kombination dieses Triebwerks mit einem kompakten Rumpf und einer als Knickflügel ausgebildeten, charakteristischen Tragfläche ergab eine eindrucksvoll wendige Maschine: Die Chato konnte in acht Sekunden einen Vollkreis fliegen. Dadurch konnte ein Chato-Pilot sich hinter einen ihn verfolgenden Jäger setzen und mit seinen vier 7,62-mm-Maschinengewehren in dessen Heck schießen, bevor der Gegner überhaupt begriff, daß sich das Blatt für ihn gewendet hatte.

Frank Tinkers Chato Nr. 56 war wie die sowjetischen Maschinen grün und hellblaugrau gestrichen, nur das Leitwerk trug die republikanischen Farben. Mit diesem Jäger erzielte Tinker drei seiner acht Abschüsse, durch die er zum erfolgreichsten amerikanischen Söldnerpiloten des Spanischen Bürgerkrieges wurde.

dem Fluß Jarama bombardieren. Sie flogen mit neun Maschinen: García La Calle übernahm die Spitze, und die anderen bildeten hinter ihm einen aus drei Kettenkeilen bestehenden Staffelkeil. Die sowjetischen Piloten starteten mit drei Eindeckern, um zu beobachten, wie sich die Neuen schlugen. Tinker beobachtete sie seinerseits und staunte wieder darüber, wie bösartig die stromlinienförmigen Moscas im Flug wirkten. „Mit eingezogenem Fahrwerk", schrieb er später, „bestanden sie fast nur noch aus Tragfläche, Motor und den zwei Maschinengewehren." Er beschloß, sein Bestes zu tun, um eines Tages eine Mosca fliegen zu dürfen.

Bei einem dieser ersten Einsätze der Staffel errang der kommunistische Journalist Ben Leider den ersten Luftsieg für die Amerikaner – ohne einen Schuß abzugeben. Leider setzte sich hinter eine He 51, einen deutschen Heinkel-Jäger, schoß aber aus irgendeinem Grund nicht. Der deutsche Pilot versuchte, seinen Verfolger dadurch abzuschütteln, daß er bis auf Baumhöhe ging; während Leider ihm noch im Nacken saß, streifte er einen Baum, konnte die Maschine nicht mehr halten und stürzte ab. Sowjetische Eindecker hatten weitere vier He 51 abgeschossen, so daß am Abend eine gemeinsame Siegesfeier stattfand.

Durch diesen Erfolg beflügelt, startete die Staffel einige Tage später – am 18. Februar 1937 – erneut, begegnete aber etwa zwei Dutzend He 51. Angesichts der fast dreifachen Überlegenheit des Feindes folgten die Piloten García La Calle bereitwillig in den Abwehrkreis, den er für Vorfälle solcher Art vorgeschrieben hatte. Die deutschen Maschinen drehten daraufhin ab und gingen tiefer, wo einige blieben und scheinbar ziellos umherflogen. Das war zuviel für Ben Leider; er stürzte sich auf die vermeintlich leichte Beute und wurde sofort von drei anderen auf der Lauer liegenden He 51 angegriffen. Tinker sah, wie Leiders Maschine sich kurz aufbäumte und in einen flachen Gleitflug überging, bevor sie gegen einen Hügel raste und explodierte. Leider war der erste amerikanische Freiwillige, der in Spanien fiel.

Allison und Dahl gingen ebenfalls in die Falle. Allison gelang es, seinen Gegner abzuschießen, bevor die anderen He 51 sich hinter ihn setzen konnten; dann wurde er getroffen, konnte aber noch abdrehen und zurückfliegen. Dahl hatte weniger Glück. Er konnte seine Heinkel erst abschießen, als bereits drei He 51 hinter ihm hingen und ihm das Leitwerk seiner Maschine zerschossen. Von seinem erhöhten Aussichtspunkt aus beobachtete Tinker, daß sich ein weißer Fallschirm entfaltete, konnte aber nicht erkennen, wem er gehörte.

Unterdessen hatte Tinker selbst genügend Schwierigkeiten. Nachdem er seine Position in dem Kreis eingenommen hatte, hob er den Kopf und sah ein feindliches Flugzeug auf sich zukommen. Wie er später schilderte, betrachtete er es anfangs nur flüchtig „und stellte fest, daß es mit der im Dunst dahinterstehenden Sonne einen recht hübschen Anblick bot. Dann sah ich wieder hin und merkte, daß kleine Blitze durch seine Luftschraubenflügel kamen. Er schoß auf mich."

Tinker ließ seine Maschine über die linken Tragflächen abkippen, gelangte hinter und unter den Angreifer, schoß einige Sekunden lang und reihte sich wieder in den Kreis ein. Er wurde noch zweimal auf diese Weise angegriffen, bevor die kampfstarken sowjetischen Moscas zu Hilfe kamen und sich das Blatt wendete. Die Moscas griffen die oben lauernden He 51 an, während Tinkers Staffel sich auf die unteren stürzte. Innerhalb einer Viertelstunde wurden insgesamt sieben He 51 abgeschossen. Aber dann folgte ein trauriger Heimflug: Tinker erreichte als einziger Amerikaner den Flugplatz. Auch Allison war nicht angekommen. Dahl und Leider waren abgeschossen worden – und Leider bestimmt tot.

Die Staffelmitglieder waren deprimiert, aber das hinderte García La Calle nicht daran, seinen Piloten, nachdem er sie zum Bier eingeladen hatte, einige deutliche Worte zu sagen. „Kameraden, heute hat unsere Staffel drei Flugzeuge verloren", begann er. „Das war völlig unnötig. Die Piloten haben die erhaltenen Anweisungen und Warnungen nicht beachtet." Sie waren allerdings über die Wichtigkeit von Abwehrformationen belehrt worden; sie waren vor der überlegenen Sturzfluggeschwindigkeit der He 51 gewarnt worden; sie waren ermahnt worden, nicht nur an das eine feindliche Flugzeug, auf das sie schossen, sondern auch an andere gegnerische Maschinen zu denken. „Die vermißten Piloten", fuhr García La Calle streng fort, „haben alle drei Warnungen vergessen. Sie haben den Verband verlassen, sie wußten, daß Heinkel über ihnen waren, und sie hatten nur Augen für die Maschinen, auf die sie schossen." Dann sprach er über moderne Luftkampftaktik und den Ruhm, für eine gerechte Sache zu fallen, und ließ noch mehr Bier ausschenken.

Nachts erhielt die Staffel einen Anruf, durch den sich die gedrückte Stimmung der Piloten etwas besserte. Whitey Dahl lebte. Er war mit dem Fallschirm hinter den eigenen Linien zu Boden gekommen und in einem Olivenhain gelandet, wo einheimische Bauern ihm einen Esel liehen, damit er zum nächsten Befehlsstand reiten konnte. Er würde am nächsten Tag bei der Staffel eintreffen. Dann ging der nächste Anruf ein: Allison war mit einer Kugel im Bein auf einem anderen Flugplatz der Republikaner gelandet und ins Lazarett gebracht worden.

Dahl traf gerade rechtzeitig ein, um an einer blutigen, neuen Offensive teilzunehmen. Bisher hatte der Luftkrieg vor allem aus Bombenangriffen und Luftkämpfen bestanden; jetzt lag der Schwerpunkt plötzlich bei grausamen Angriffen auf Bodentruppen. Im März 1937 verhalfen die zu Tausenden von Mussolini nach Spanien entsandten italienischen Soldaten General Franco in den Auseinandersetzungen am Boden zu einem Vorteil. Drei durch Panzer unterstützte motorisierte italienische Kolonnen stießen bei schweren Regenfällen auf der Hauptstraße von Saragossa nach Madrid vor. Tinkers Staffel warf sich ihnen entgegen, sobald das Wetter einen Start zuließ. Als die Piloten schließlich eine Lücke in der dicken Wolkendecke fanden, gingen sie auf 200 Meter herunter, um die italienischen Kolonnen zu bombardieren und zu beschießen.

Der Regen hatte das Gelände abseits der Straßen in Morast verwandelt. Schützenlöcher und -mulden waren voller Wasser, und die italienischen Soldaten waren den Luftangriffen fast wehrlos ausgesetzt. „Wir konnten die armen Teufel nach allen Richtungen durch den Schlamm rennen sehen", erinnerte Tinker sich später.

Die Angreifer flogen einen Einsatz nach dem anderen gegen die Italiener. Während Tinker bei einem Angriff die Wirkung der von den Russen geworfenen Bomben beobachtete, sah er „einen riesigen Lastwagen, der sich in der Luft überschlug – ein höchst eindrucksvoller Anblick". Der italienische Vormarsch stockte an einer Straßenkreuzung, wo die Truppen wegen der morastigen Felder die Fahrbahn nicht verlassen konnten.

Unterdessen waren die italienischen Soldaten völlig demoralisiert und warfen ihre Gewehre und Patronengurte weg, während sie in Deckung hasteten. Dabei drängten sie sich zusammen, und die Pulks bildeten verlockende Ziele für die Piloten über ihnen. Tinker sichtete eine in wilder Flucht begriffene, starke Soldatengruppe und ging im Sturzflug nach unten, um sie frontal anzugreifen. Er begann in etwa 200 Meter Höhe zu schießen. Einige der Italiener machten kehrt, um davonzulaufen; andere flüchteten verzweifelt nach rechts oder links. Aber zu spät. „Sie fielen bereits", berichtete Tinker später lakonisch, „wie Korn vor dem Schnitter."

Er setzte seinen Angriff fort und bestrich mit seinem Feuer eine immer größere Fläche, bis Treibstoff und Munition so knapp wurden, daß er abdrehen und zum Einsatzflugplatz zurückfliegen mußte.

Dieser wirkungsvolle Luftangriff brachte den italienischen Vormarsch so gründlich durcheinander, daß republikanische Truppen ihre Stellungen entlang der Straße halten und ein weiteres Vordringen des Gegners verhindern konnten. Die Staffel wurde nun wieder als Jagdstaffel eingesetzt, wobei Hauptmann García La Calle die erste Kette, Whitey Dahl die zweite und Frank Tinker die dritte führte. Bei erbitterten Luftkämpfen mit italienischen Fiats setzte Tinker sich hinter eine feindliche Maschine und erzielte mit einem einzigen langen Feuerstoß seinen ersten Abschuß.

Sein nächster Gegner war schwieriger und entkam, bevor Tinkers Kugeln ihr Ziel fanden. Tinker mußte aber noch mit weiteren Gegnern fertig werden: Seine Staffelkameraden waren nicht mehr in der Nähe, und als er nach oben sah, erkannte er fünf Fiats, die sich auf ihn stürzen wollten. Da Tinker wußte, daß die feindlichen Maschinen ihn mühelos einholen konnten, während er die tief unter ihm liegende Wolkenschicht zu erreichen versuchte, beschloß er, es mit einem Trick zu versuchen, den er in der Heeresfliegerschule gelernt hatte. Während er steil tiefer ging, behielt er den vordersten Verfolger über den Rückspiegel im Auge. Unmittelbar bevor der Fiat-Pilot sich hinter seine Maschine setzten konnte, flog Tinker eine steile Linkskurve. Die Fiat war zu schnell, um ihm in die Kurve folgen

Ein Pilot der republikanischen Luftstreitkräfte läßt vor dem Start den Motor seiner Polikarpow I.16 Mosca, die zu den besten der im Spanischen Bürgerkrieg eingesetzten Jäger gehörte, warmlaufen. Frank Tinker war begeistert, als er diesen schnellen russischen Eindecker fliegen durfte.

zu können, und schoß im Sturzflug vorbei, während Tinker mit seiner Chato einen Vollkreis flog, der ihn genau hinter seinen verblüfften Gegner brachte. Tinker beschoß ihn, bis die nächste Fiat hinter ihm auftauchte, und wiederholte dann das Manöver. Die gegnerischen Flugzeuge waren nur wenig oder gar nicht beschädigt, aber es war ihm gelungen, die Angreifer zu vertreiben. Nach Tinkers Darstellung konnte er mit dem gleichen Trick noch zwei weitere Fiats überlisten, bevor er schließlich „die beruhigende Sicherheit der Wolken" erreichte und unbeschadet auf einem Flugplatz der Republikaner landete.

Im Laufe der Zeit verringerte sich die Zahl der amerikanischen Söldnerpiloten. Ein Freiwilliger, Orrin Dwight Bell, war bei der Einstellungsprüfung durchgefallen und nach Hause gefahren. Derek Dickinson, der gemeinsam mit Eugene Finick an den amerikanischen Außenminister geschrieben hatte, war bei der Prüfung für Jagdflieger durchgefallen, hatte jedoch die Prüfung für Aufklärungsflieger bestanden und war für unbedeutende Aufgaben im Raum Barcelona eingeteilt worden. (Später behauptete Dickinson in typischer Söldnermanier, er habe Bruno Mussolini zu einem Luftduell über dem Mittelmeer herausgefordert und sei Sieger nach Punkten geblieben, so daß der Sohn des italienischen Diktators in Schimpf und Schande habe heimkehren müssen.)

Jim Allison kehrte wegen seiner Beinverwundung in die Vereinigten Staaten zurück. Charlie Koch war bereits wegen seines Magenleidens abgereist, und Whitey Dahl klagte wenig später ebenfalls über Magenbeschwerden. Dahl wurde zur ärztlichen Behandlung nach Madrid geschickt und verschaffte sich danach eine Ausreisegenehmigung nach Paris, um sich dort operieren zu lassen.

Frank Tinker machte sich unterdessen einen Namen. Durch unermüdlichen Einsatz und seine fliegerischen Fähigkeiten, die er an der Guadalajara-Front und bei seinen Einsätzen über Madrid bewiesen hatte, war Tinker zum erfolgreichsten ausländischen Söldnerpiloten in Spanien geworden. Als García La Calle zum Kommandeur einer aus drei Staffeln bestehenden Gruppe befördert wurde, hatte sein Nachfolger als Staffelchef so wenig Luftkampferfahrung, daß die Piloten ihn bald dazu überredeten, die Staffelführung während der Einsätze Tinker zu überlassen. Wenig später hielt das Luftfahrtministerium eine weitere Anerkennung für Tinker bereit: Er sollte endlich Gelegenheit bekommen, eine sowjetische Mosca zu fliegen – gemeinsam mit russischen Jagdfliegern und mit erstklassiger Unterstützung durch russisches Bodenpersonal. Diese begehrte Abkommandierung zu einer sowjetischen Staffel teilte er sich mit Al Baumler, der außer Tinker der einzige aktive amerikanische Jagdflieger war, solange sich Whitey Dahl auf Krankenurlaub befand.

Baumler, der nach seiner Ankunft in Spanien einer in Alicante stationierten Jagdstaffel zugeteilt worden war, hatte sich als Jagdflieger bewährt; er sollte es auf insgesamt fünf bestätigte Abschüsse bringen. Auch Baumler war wie Dahl und Tinker als amerikanischer Militärflieger ausgebildet worden, aber ein dummer Unfall – er hatte mit seinem zweimotorigen Bomber notlanden müssen, weil er vergessen hatte, rechtzeitig auf einen neuen Tank umzuschalten – hatte ihn daran gehindert, die Fortgeschrittenenschulung auf Kelly Field in San Antonio abzuschließen. Er hatte sich bei den United Air Lines als Kopilot beworben, war dann aber noch vor seiner Einstellung in die Gesellschaft nach Spanien gegangen. Baumler und Tinker reisten gemeinsam nach Alcalá de Henares, um ihre russischen Staffelkameraden kennenzulernen.

Am 30. Mai 1937 durften sie erstmals die schnellen Mosca-Eindecker fliegen. „Sie waren wunderbar", schrieb Tinker und merkte dazu an, daß selbst das abgenutzte Schulflugzeug, mit dem er seinen ersten Flug machte, „im Geradeausflug 400 Stundenkilometer schaffte. Wie schnell sie im Sturzflug waren, habe ich nie feststellen können – die Geschwindigkeitsskalen reichten nicht weit genug." Aber er spürte auch, daß die Maschinen gefühlvoll behandelt werden mußten: Die Mosca geriet zweimal ins Trudeln, als er versuchte, sie wie einen Doppeldecker zu fliegen.

Nach einigen Einsätzen, bei denen sie mit ihren Moscas Begleitschutz für Bomberstaffeln flogen, nahmen Tinker, Baumler und die Russen es mit etwa 50 Jagdflugzeugen der Nationalisten auf. Tinker beschoß sieben oder acht feindliche Maschinen, bevor es ihm endlich gelang, eine Fiat abzuschießen, indem er den Motor in Brand setzte; danach erschoß er – unbeabsichtigt, wie er später erklärte – den feindlichen Piloten, als dieser sich mit dem Fallschirm aus der abstürzenden Maschine retten wollte. Bei der Landung nach diesem Luftkampf beschädigte Tinker die linke Tragfläche seines Flugzeugs, und Baumler hatte bei der Landung ebenfalls Schwierigkeiten: Er war am Rücken durch Splitter von Sprenggeschossen verwundet worden, mit denen eine angreifende Heinkel das Heck seiner Mosca beschossen hatte. Zu seinem Glück waren die Splitter durch die stählerne Rückenlehne des Pilotensitzes gebremst worden, so daß Baumler nur Fleischwunden davongetragen hatte und nach kurzer Behandlung bald wieder einsatzfähig war.

Drei Wochen später wurde Tinker erheblich schwerer in seinem Stolz verletzt. Als er eines Abends in einer den ausländischen Piloten in Alicante zur Verfügung stehenden Villa allein war, vertrieb er sich die Zeit damit, den Inhalt der Flaschen in der Hausbar durchzukosten. Ein Steingutkrug mit der Aufschrift *Ginebra* (Gin) überzeugte ihn davon, daß er es sich schuldig sei, ein Nachtlokal im über 200 Kilometer entfernten Valencia zu besuchen. Tinker kaufte sich mit unglaublichem Optimismus beim nächsten Trödler ein altes Fahrrad, um damit nach Valencia zu radeln. Bis Mitternacht hatte er – durch den Gin beflügelt – schon über 20 Kilometer zurückgelegt und wurde auf einer langen, steilen Gefällestrecke immer schneller. Tinker kannte bisher in erster Linie amerikanische Fahrräder mit Rücktrittbremse; das Rad, auf dem er saß, hatte französische Felgenbremsen. Als der Amerikaner plötzlich vor sich zwei Wachposten auf der Straße sah, trat er mit aller Kraft rückwärts in die Pedale, aber das Fahrrad raste weiter. „Ich überfuhr einen der Wachposten", berichtete er später, „und der andere schoß mich prompt vom Fahrrad."

Zum Glück handelte es sich um ein Kleinkalibergeschoß, das keine lebenswichtigen Organe verletzte, als es Tinkers rechte Unterleibshälfte durchschlug. Die Wachposten entschuldigten sich tausendmal, als sie entdeckten, daß sie einen Piloten ihrer berühmten sowjetischen Jagdstaffeln angeschossen hatten, und Tinker wurde in ein Lazarett in Alicante gebracht. Am 12. Juli – eine Woche nach dem Beginn der Schlacht von Brunete – nahm er seinen Dienst wieder auf und flog drei Einsätze, die zu ebenso vielen Luftkämpfen führten. Beim dritten Einsatz beobachtete er, wie eine sowjetische Chato von drei neuen deutschen Messerschmitt Me 109 angegriffen wurde. Tinker führte seine beiden russischen Flügelmänner zur Rettung heran, aber sie kamen zu spät: Die Chato brannte bereits und stürzte trudelnd ab. Tinker schoß eine der angreifenden Me 109 ab, während seine Flügelmänner die zweite Maschine außer Kampf setzten. Die dritte Messerschmitt konnte entkommen. Nach der Landung auf dem Einsatzflughafen erfuhr Tinker, daß der Pilot des abgeschossenen Doppeldeckers Whitey Dahl gewesen war, der sich nach seiner Operation und einem Erholungsurlaub an der Riviera eben wieder zum Dienst gemeldet hatte und zu einem der ersten Einsätze gestartet war.

Albert J. Baumler, hier in einer Fliegerkombination der republikanischen Luftstreitkräfte, erzielte insgesamt fünf bestätigte Abschüsse. Kurz bevor er sich als Söldnerpilot anwerben ließ, war der 22jährige Baumler wegen „erwiesenen Mangels an angemessenen fliegerischen Fähigkeiten“ als Flugschüler und angehender Pilot aus der amerikanischen Heeresfliegertruppe entlassen worden.

Als nächster Amerikaner verschwand Baumler, der wegen einer Halsentzündung in Valencia behandelt werden mußte. Nach seiner Genesung reiste Baumler in die Heimat zurück, und Tinker blieb unter Fremden allein. Die Russen, die er gekannt hatte, waren nacheinander in die Sowjetunion zurückgeholt und durch neue sowjetische Piloten ersetzt worden, die darauf brannten, sich im Luftkampf zu bewähren. Wegen der Sprachbarrieren kannte Tinker nur wenige Leute, mit denen er sich unterhalten konnte. Unterdessen war es Ende Juli 1937. Die in der Sowjetunion ausgebildeten spanischen Piloten kehrten nach Hause zurück, um auf republikanischer Seite zu kämpfen, so daß ausländische Freiwillige nicht mehr so dringend benötigt wurden.

Tinker war seit fast sieben Monaten in Spanien. Er hatte acht bestätigte Abschüsse erzielt, die ihm zusätzlich zu seinem Gehalt 8000 Dollar Prämien eingebracht hatten. Und er hatte sein Ziel erreicht, Moscas fliegen zu dürfen. Das genügte ihm: Er setzte sich hin, schrieb an das Luftfahrtministerium und kündigte seinen Vertrag. Am selben Abend traf eine erfreuliche Nachricht ein. Whitey Dahl hatte es geschafft, aus seiner Maschine auszusteigen, und war hinter den feindlichen Linien gelandet. Er war in Gefangenschaft geraten und saß in Salamanca im Gefängnis.

Dahl hatte beängstigende Abenteuer erlebt. Nachdem er in 1500 Meter Höhe aus der brennenden Chato ausgestiegen war, war er am Fallschirm hängend vom Schauplatz des Luftkampfes abgetrieben worden, ohne daß seinen Staffelkameraden die weiße Fallschirmkappe aufgefallen wäre. Unglücklicherweise war er mitten in einer Kompanie „Moros“ – Francos marokkanischen Söldnern – gelandet. Die Marokkaner waren schon tagelang immer wieder aus der Luft angegriffen worden, und als Dahl ihnen in die Hände fiel, wurde er mißhandelt und wäre erschossen worden, wenn nicht einige spanische Offiziere dazwischengetreten wären.

Aber Dahl wußte, daß er noch keineswegs außer Gefahr war. Im Gefängnis in Salamanca besuchte ihn ein Reporter der Nachrichtenagentur Associated Press, der schilderte, daß der junge Pilot „sich mit nervösen Fingern durch sein schütteres blondes Haar fuhr“ und fürchtete, vor ein Erschießungskommando gestellt zu werden. Daß diese Befürchtung keineswegs unbegründet war, zeigte sich am 5. Oktober 1937: Dahl wurde aus seiner Zelle geholt, vor ein Militärgericht gestellt und ohne Federlesen zum Tode durch Erschießen verurteilt.

Das harte Urteil war ein Schock für Edith Dahl, die in Frankreich geblieben war, anstatt eine Reise durch das von Kriegswirren geschüttelte Spanien zu ihrem inhaftierten Mann zu riskieren. Dann hatte sie eine Idee, durch die ihre Liebe zu Whitey zum Inhalt einer Pressemeldung wurde, die um die Welt ging. Sie schrieb an General Franco und bat ihn um das Leben des amerikanischen Piloten.

Ihr Ehemann sei politisch neutral, führte sie aus, und habe sich nur für die republikanischen Luftstreitkräfte anwerben lassen, weil er in den Vereinigten Staaten keine Anstellung als Pilot habe finden können. Dann appellierte sie an das Mitgefühl und die Eitelkeit des spanischen Generals: „Wir sind erst seit acht Monaten verheiratet“, schrieb Edith Dahl. „Ich stehe völlig allein. Er ist nur geflogen, um Geld für mich zu verdienen. Ich weiß, daß Sie ein Mann mit großem Herzen und viel Mut sind. Ich gebe Ihnen mein Wort, daß Harold nicht wieder gegen Sie kämpfen wird, wenn Sie sich erbarmen, ihm die Freiheit zu geben und ihn zu mir zurückzuschicken. Da Sie dem Sieg jetzt schon fast zum Greifen nahe sind, kann das Leben eines amerikanischen Piloten Ihnen nicht mehr viel bedeuten. Ich bin mehrere Jahre lang Schauspielerin gewesen, aber jetzt habe ich mein Glück gefunden. Zerstören Sie es nicht. Bitte beantworten Sie meinen Brief, damit ich weiß, was ich tun muß und ob ich hoffen darf."

Edith Dahl legte ihrem Bittbrief ein Photo bei, das sie von der besten Seite zeigte – in einem weißen Badeanzug.

Eine Woche später traf die Antwort ein: ein Brief mit General Francos Unterschrift und der höflichen, altmodischen spanischen Grußformel „q. b. s. p." – *que besa sus pies* (der Ihre Füße küßt). Ediths verzweifelter Versuch hatte Erfolg gehabt; Dahl würde mit dem Leben davonkommen. (Erst später erfuhren die Dahls, daß der sittenstrenge Franco in Wirklichkeit weder den Brief noch das Photo zu sehen bekommen hatte. Das Schreiben war von Stabsoffizieren abgefangen worden, die – von Ediths Aufrichtigkeit oder ihrer Figur beeindruckt – auf einem Briefbogen mit einer Blankounterschift des spanischen Führers geantwortet hatten.)

Whitey Dahl war der Hinrichtung entgangen, aber er wurde nicht aus spanischer Gefangenschaft entlassen. „Ich sitze bestimmt noch lange, sehr lange hier", erklärte er einem Reporter, der ihn in seiner Zelle besuchte. Aber Ediths Bühnenlaufbahn wurde durch das Aufsehen, das ihr berühmter Brief erregte, entscheidend gefördert, und sie trat wenig später in französischen Nachtklubs auf, in denen sie als „die Frau, die Francos Herz erweicht hat" angekündigt wurde.

Edith Dahl war nicht die einzige, die sich Sorgen um Dahls Wohlergehen machte. Das amerikanische Außenministerium erkundigte sich auf inoffiziellem Wege nach dem berühmtesten amerikanischen Häftling in Spanien und erhielt die beruhigende Auskunft, er werde wahrscheinlich gegen einen Nationalisten in republikanischer Gefangenschaft ausgetauscht. Leider verhinderte Dahls eigene Ungeschicklichkeit diese Möglichkeit. Da er nicht wußte, daß er ausgetauscht werden sollte, schrieb er an Franco und erbot sich, kostenlos für die Nationalisten zu fliegen, um nicht weiter hinter Gittern sitzen zu müssen. Dann verkündete er öffentlich: „Die sogenannte Sache kümmert mich einen Dreck. Ich kämpfe für Geld." Die Republikaner tauschten daraufhin jemand anders aus.

Dahl blieb in Spanien bis zum Februar 1940 in Haft – bis fast ein Jahr nach dem Ende des Bürgerkrieges durch den Sieg Francos. Edith war kurz zuvor in die Vereinigten Staaten zurückgegangen, wo sie mit spanischen Tänzen in Varietés auftrat, und empfing den heimkehrenden Whitey ziemlich kühl. Er zog nach Kanada und wurde Fluglehrer bei den kanadischen Luftstreitkräften. Edith kam eine Zeitlang mit, ging dann aber wieder als Entertainerin auf Tournee, sang, tanzte und spielte Geige. Später heiratete Whitey eine Kanadierin und behauptete, seine mexikanische Eheschließung mit Edith sei niemals rechtskräftig oder bindend gewesen. Edith, die von Reportern in einem Theater in Salt Lake City aufgestöbert wurde – wo sie als „die Blondine, die General Francos Erschießungskommando entwaffnete" auftrat –, ließ sich nicht aus der Ruhe bringen. „Ich bin die garantiert beste Geigerin im Showgeschäft", fauchte sie, „und brauche Dahl nicht, um den Leuten ein Violinsolo zu verkaufen."

Auch Frank Tinker, der Spanien im August 1937 verlassen hatte, erwarteten in der Heimat Probleme. Nachdem sein Reisepaß von Beamten des Außenministeriums bei seiner Einreise beschlagnahmt worden war, war der ehemalige Söldnerpilot nach Arkansas zurückgekehrt, wo er sich langweilte und versuchte, eine Beschäftigung zu finden. Die aufregende Zeit in Spanien war nicht leicht zu übertreffen. Tinker schrieb ein Buch über seine Erlebnisse und gab ihm den Titel *Some Still Live.* Er kaufte sich ein Kanu und paddelte den Mississippi bis nach New Orleans hinunter, wobei ihm sein Foxterrier Gesellschaft leistete.

„Whitey" Dahls Ehefrau Edith, ein Showgirl, das Franco ein Photo von sich schickte, als es um Gnade für Dahl bat, zeigt sich hier mit einem zurückhaltenden Lächeln und einem großzügig dekolletierten Kleid. Als Edith hörte, daß spanische Offiziere, die ihr Bild gesehen hatten, sie gern kennengelernt hätten, sagte sie: „Ein kluges Mädchen weiß, wann es zu Hause bleiben muß."

Der rasch alternde „Whitey" Dahl sitzt einsam und allein im Hof eines Krankenhauses in der spanischen Stadt Salamanca. Dahl war aus einem nationalistischen Gefängnis ins Krankenhaus verlegt worden, wo er etwas mehr Bewegungsfreiheit genoß; er mußte sich jedoch jeden Abend wieder im Krankenhaus zurückmelden. Er wurde bis 1940, ein Jahr nach Francos Sieg, festgehalten.

Auf der Suche nach neuen Abenteuern gab Tinker bekannt, er werde das vom Außenministerium gegen ihn verhängte Verbot von Auslandsreisen dadurch umgehen, daß er mit einem Flugzeug im Nonstopflug über den Atlantik nach Spanien fliege. Das Außenministerium alarmierte das Amt für Zivilluftfahrt, um seinen Abflug zu verhindern. Daraufhin schrieb Tinker ans Kriegsministerium und das Außenministerium und bewarb sich um die Position des Luftwaffenattachés in Spanien. Seine Bewerbung wurde in einem kurzen und knappen Antwortschreiben abgelehnt. Zu diesem Zeitpunkt kam Al Baumler zu einer nostalgischen Stippvisite in Tinkers Heimatstadt De Witt. Er war wieder Pilot der Heeresfliegertruppe und hatte keinerlei Schwierigkeiten wegen seiner Teilnahme am Spanischen Bürgerkrieg gehabt. Er erzählte Tinker, er spiele mit dem Gedanken, sich einer internationalen Einheit aus Söldnerpiloten anzuschließen, die zum Einsatz in China aufgestellt werde.

Das interessierte Tinker, aber im Augenblick sehnte er sich nach Spanien zurück. Dann ergaben sich die Republikaner. Einige Wochen später, am 13. Juni 1939, griff Frank Tinker – auch als Francisco Gomez Trejo bekannt und erst 29 Jahre alt –, der vereinsamt in einem Hotelzimmer in Little Rock über seinen Flugbüchern und spanischen Landkarten saß, nach einer Kleinkaliberpistole und beging mit einem Schuß ins Herz Selbstmord. Er hinterließ keinen Abschiedsbrief.

Nervenkitzel und Heldentum in Comics

Die spannenden Abenteuer der Söldnerpiloten regten amerikanische Comic-Zeichner dazu an, Comic-Helden zu schaffen, die ihren lebenden Vorbildern Konkurrenz machten und sie in einigen Fällen sogar übertrafen, was Mut, Abenteuerlust, Liebschaften und das Fingerspitzengefühl für die Fliegerei anging. Diese Phantasiegestalten trugen ihrerseits dazu bei, die Legendenbildung um die Söldnerpiloten anzuregen oder sogar zu verstärken. Sie glorifizierten einen lebensgefährlichen Beruf, der in Wirklichkeit ebenso viele Müßiggänger, Schurken und Taugenichtse wie Helden hervorbrachte.

Comics mit fliegenden Abenteurern wie Captain Easy, Scorchy Smith und Smilin' Jack begeisterten Millionen von Lesern. Und das war nicht verwunderlich. In den Tagen der Weltwirtschaftskrise waren Comics eine preiswerte Form des Abschaltens. Und in der allgemeinen Luftfahrtbegeisterung nach Charles Lindberghs epochemachendem Transatlantikflug im Jahre 1927 konnten Comic-Helden, die noch dazu Piloten waren, auf eine treue Leserschaft zählen.

Einer dieser Comic-Piloten war Captain Easy *(oben)*, ein durch nichts aus der Ruhe zu bringender Amerikaner, der im

Jahre 1933, zwei Jahre nachdem China die Mandschurei an Japan verloren hatte, als Spion für die chinesischen Luftstreitkräfte fliegt. Anstatt sich auf Luftkämpfe mit japanischen Piloten einzulassen, fliegt Easy jedoch zu der sagenumwobenen „verlorenen Provinz Gungshi“, die sieben Jahrhunderte lang von keinem Weißen mehr besucht worden war. Unterwegs wird er von Kriegern beschossen, die mehr an Dschingis-Khans Horden aus dem 13. Jahrhundert als an die japanischen Flieger in modernen Jagdflugzeugen erinnern, die damals den echten, zur Verteidigung Chinas fliegenden Söldnerpiloten zusetzten.

Wie Scorchy eine korrupte Revolution niederschlug

Comics, deren Helden Söldnerpiloten waren, verdankten einen Teil ihrer großen Beliebtheit den beneidenswert simplen moralischen Grundsätzen, denen sie folgten. Unabhängig davon, um welchen Krieg oder welche Revolution es sich in den Comics handelte, kämpfte der Held stets auf der richtigen Seite, während der Schurke auf der stand, die zu Recht verlieren würde.

Der Comic *Scorchy Smith* hielt sich strikt an diese Vorgaben. In einer denkwürdigen Episode erklärt der anständige, rechtschaffene Scorchy sich bereit, für die Regierung von Huaca – einem von Revolutionswirren geschüttelten fiktiven südamerikanischen Staat – eine Fliegertruppe aufzustellen. Erwartungsgemäß werden die Luftstreitkräfte der Rebellen von einem schmierigen Gangster namens Knucks Maddox befehligt.

Anfangs will Scorchy nicht in den Krieg verwickelt werden. „So was ist dumm, sinnlos und grausam", meint er und entschließt sich erst zum Kampf für die Regierung, als er erfährt, daß es den Rebellen um persönliche Bereicherung, nicht um das Wohl Huacas geht. Nachdem Recht und Unrecht so klar definiert sind, versteht es sich fast von selbst, daß Scorchy nach vielen spannenden Episoden wie dem unten abgebildeten Luftkampf schließlich sowohl Knucks Maddox als auch die Rebellenpiloten und alle übrigen Revolutionäre besiegt.

HELLO? YES - THIS IS MR. SMITH -
- JUST A FRIENDLY LITTLE WARNING, SMITH! TAKE A TIP AN' DROP THIS SOUTH AMERICAN THING! THAT'S ALL! CLACK!!
TELEG
President
January 31, 1935
Mr. Bruce Alexander
Oakland Airport
Oakland, California
Flying job open at good salary Stop Wire answer at once to me care of Brownsville, Texas airport if interested Stop All expenses both ways Stop Meet me Brownsvill week from Today
Scorchy Smith
Night Letter
"KNUCKS" MADDOX, IN MEXICO CITY, RECEIVES AN URGENT TELEGRAM FROM BROWNSVILLE!
OUT ON THE LINE, MEN! WARM UP YOUR SHIPS! SMITH LEFT BROWNSVILLE BEFORE DAYLIGHT! WE'RE SHOVING OFF AT ONCE!
2-18
KNUCKS MADDOX, UNAWARE THAT SCORCHY IS FLYING HIGH ABOVE THE RAILWAY STATION AT COCO SOLO, WAITING FOR HIS LAST SHIP TO REFUEL, PROCEEDS TOWARD THE STATION ON HIS WAY TO ARMARA'S HEADQUARTERS..
SUDDENLY, SCORCHY'S KEEN EYES SEE FIVE TINY SPECKS COMING DOWN THE MOUNTAIN VALLEY STRAIGHT TOWARD COCO SOLO!
MADDOX! - FLYING AT TWELVE HUNDRED FEET!
PANCAKE, YOU HEDGE HOPPER! YOU'RE THROUGH!!
ONE FINAL DIVE AND SCORCHY NOSES HIS RIVAL'S PLANE TOWARD A LINE OF HIGH TENSION WIRES!
SCORCHY PULLS OUT OF HIS DIVE JUST IN TIME, BUT THE OTHER SHIP CRASHES INTO ONE OF THE POLES AND CAREENS INTO THE FIELD BEYOND....!!
© 1935 The A. P., All Rights Reserved
NOEL SICKLES
3-27

Smilin' Jack zwischen zwei Frauen

Eigentlich war kein Comic-Pilot ohne mindestens eine kurvenreiche, bewundernd zu ihm aufblickende Heldin ganz vollständig. Aber Smilin' Jack verging das Lächeln wegen zweier Frauen. Der Held von Zack Mosleys Comic-strip *Smilin' Jack* aus dem Jahre 1937 fühlt sich viele Monate lang zwischen Bonita Caliente, einer südamerikanischen Tänzerin, der gegenüber er zur Heirat „moralisch verpflichtet" ist, weil sie ihm das Leben gerettet hatte, und der Stewardeß Dixie Lee, seiner zärtlichen Geliebten, der er nicht den erwarteten Heiratsantrag macht *(unten)*, hin und her gerissen.

Selbstverständlich gibt es in Smilin' Jacks Leben ebenso viele Abenteuer wie Liebesaffären. In dem vergeblichen Bemühen, seinen Problemen mit den Frauen zu entfliehen, nimmt er eine Stellung bei einer obskuren brasilianischen Fluggesellschaft an – und gerät in die „Legion vergessener Piloten", eine Bande im Exil lebender Killer, die mit Kunstflugfiguren Geld von ihren zu Tode erschrockenen Passagieren erpressen.

Nachdem Jack einen Versuch der Legionäre, ihn aus dem Flugzeug zu werfen, überstanden hat, macht er den Erpressungen bald ein Ende. Es kostet ihn dann weit mehr Mühe, der hartnäckigen Bonita zu entrinnen und Dixie von seiner Liebe zu überzeugen.

VEERY
EEL-- THEN
ONITA WEEL
ELP YOU-- I
EEL HOLD
HEESE WHEEL

TURN LOOSE THOSE DUAL CONTROLS, YOU DOPE! YOU'LL SPIN US INTO TH' "DRINK" SURE!
BUCKLE YOURSELF IN A SEAT AN' BE STILL BEFORE I KICK YOU OUT!
OH, PLEEZE DO NOT BE ANGRY WEETH BONITA, MEESTER----- --MEESTER--SAY, WHAT DO THEY CALL YOU---
SMILIN' JACK!
??

BUT,
ACK----
HERE---
-WHEN'LL
I SEE YOU
AGAIN ?
I DON'T KNOW, DIXIE---
ZACK MOSLEY
Reg. U. S. Pat. Off.: Copyright, 1937 by Chicago Tribune-N. Y. News Syndicate, Inc.

3

Tiger am Himmel Asiens

Tempelglöckchen erklangen leise, als die feuchte Brise an den zerfallenden Ziegelpagoden außerhalb von Toungu in Burma vorbeistrich. Die Brise trug die hellen Töne durch raschelnde Bambushaine und die fallenden Blüten der Feuerbäume zum Rand einer heißen Asphaltlandebahn, wo ein blonder junger Pilot sorgfältig den Bug eines Flugzeugs bemalte. Das einzige andere Geräusch an diesem Sonntagmorgen Ende 1941 kam aus dem Schalltrichter eines Aufziehgrammophons in den strohgedeckten Unterkünften. Es spielte eine verkratzte Artie-Shaw-Aufnahme von „Stardust". Dann wurde eine andere Platte aufgelegt – mit einem Song, der speziell für die kleine Gruppe amerikanischer Flieger geschrieben worden zu sein schien, die heimlich auf diesem Stützpunkt der englischen Royal Air Force etwa 270 Kilometer nördlich von Rangun zusammengezogen wurden. Der Text lautete:

Ich bin um die Welt geflogen,
In den Spanischen Bürgerkrieg gezogen,
Den Nordpol zeichnete ich auf Karten,
Nur auf ein Zeichen deiner Liebe muß ich warten.

Das hätte das Liebeslied eines Söldnerpiloten sein können.

Auf der Landebahn war die Flugzeugbemalung fertig, und der 25jährige Eric Shilling trat zurück, um seiner Hände Arbeit zu bewundern. Er war auf diese Idee gekommen, nachdem einige der Piloten von einem in der Nähe lebenden Missionar zu einer Reistafel in sein Haus eingeladen worden waren. Dort hatte Shilling eine Zeitung mit dem Photo einer zweimotorigen Me 110 gesehen, die zu einer als „Haifischgruppe" bekannten deutschen Luftwaffeneinheit im Mittelmeerraum gehörte. Jetzt war Shilling dabei, sein Jagdflugzeug, eine Curtiss P-40, mit dem gleichen aufgerissenen Haifischrachen zu bemalen. Über den Zahnreihen malte er auf beide Seiten der Motorhaube je ein wild starrendes Auge.

Als Shilling mit der Gesamtwirkung zufrieden war, marschierte er zielbewußt vom Platz und kam mit einem hageren, muskulösen Amerikaner zurück, der eine Gesichtshaut wie runzliges Leder und den durchdringend scharfen Blick eines Raubvogels hatte. Der zweite Mann blieb in einiger Entfernung stehen und begutachtete die Bemalung aus verschiedenen, sorgfältig gewählten Blickwinkeln. Dann verzog er sein Gesicht zu einer Grimasse, die ein anerkennendes Grinsen sein sollte.

Shilling erklärte ihm, er wolle das Haifischmaul als sein Staffelzeichen verwenden, aber der andere Mann, Claire Chennault, antwortete, er habe vor, die P-40 der gesamten Fliegertruppe damit bemalen zu lassen.

Mit Haifischrachen bemalte Curtiss-Jäger des Typs P-40, die von den als Flying Tigers bekannten amerikanischen Freiwilligen in China geflogen werden, befinden sich 1942 auf dem Rückflug von der Burmastraße.

Und so entstand das bleibende Symbol der berühmtesten Söldnerfliegertruppe der Welt, eines draufgängerischen, angriffslustigen Haufens aus ehemaligen Piloten des Heeres, der Marine und des Marinekorps der USA, die unauffällig angeworben und als Missionare, Musiker und Maler nach Burma eingeschleust worden waren. Diese von China zum Schutz der als Burmastraße bekannten lebenswichtigen Versorgungsroute angeworbenen Piloten kämpften nur sieben Monate lang – von Dezember 1941 bis Juli 1942 – als geschlossene Gruppe. Aber sie waren schon wenige Tage nachdem Japan am 7. Dezember Pearl Harbor überfallen hatte in wilde Luftkämpfe mit Schwärmen japanischer Kampfflugzeuge verwickelt und stiegen kometenhaft aus ihrer Unbekanntheit im Dschungel auf, um die wahrscheinlich berühmteste amerikanische Jagdstaffel aller Zeiten zu werden – die Flying Tigers. Unter der unorthodoxen Führung ihres eigenwilligen Chefs, Claire Lee „Old Leatherface" Chennault, wurde diese schneidige Truppe seltsam harmloser amerikanischer Freischärler rasch zu einer Kampfgruppe zusammengeschweißt, deren Wirksamkeit schon fast unheimlich war. Sie vernichtete 297 feindliche Flugzeuge – und beanspruchte weitere 300 Abschüsse für sich –, wobei nur vier amerikanische Piloten im Luftkampf fielen.

Claire Lee Chennault war einer jener Draufgänger, deren persönlicher Mut, gewaltige Tatkraft und geradliniger Charakter ihnen einen Platz in der Geschichte der Luftfahrt sichern – als Verrückte oder als Genies. Er wurde von seinen Feinden leidenschaftlich gehaßt, aber seine Piloten hingen mit unverbrüchlicher Treue an ihm. Als geborener Führer brachte er seine Untergebenen dazu, regelmäßig das Unmögliche zu versuchen, und ließ gleichzeitig erkennen, daß er für sie gegen sämtliche Vorschriften zu verstoßen oder sich über sie hinwegzusetzen bereit sei.

Chennault wurde im Jahre 1890 in Commerce, Texas, geboren und wuchs im von der Welt abgeschnittenen Nordosten Louisianas auf. Als Junge wurde er zur Selbständigkeit angehalten und entwickelte sich zu einem streitlustigen, trotzigen, schnell beleidigten und ehrgeizigen jungen Mann, dessen Eigenschaften durch sein Temperament und seine rasche Auffassungsgabe noch gefördert wurden.

Er begann sein Studium 14jährig an der Louisiana State University und spielte mit dem Gedanken, Offizier zu werden, bis er die Marineakademie in Annapolis die strenge Disziplin und die Beschränkungen kennenlernte, denen die Kadetten unterworfen waren. Chennault zog es vor, seinen eigenen Weg zu gehen, kehrte nach Louisiana zurück und fand eine Stellung als Lehrer. Aber er verdiente nicht genug, um seine Frau und das erste seiner acht Kinder ernähren zu können, und wechselte häufig die Stellung, um anderswo mehr zu verdienen.

Im April 1917, als Amerika in den Ersten Weltkrieg eintrat, arbeitete Chennault als Arbeiter in einer Fabrik in Ohio. Er wollte bei der Heeresfliegertruppe Pilot werden. Aber mit 26 Jahren war er angeblich schon zu alt für die Ausbildung. Als Infanterieoffizier war er später in Camp Travis bei San Antonio, Texas, in der Nähe von Kelly Field stationiert, wo er Fluglehrer dazu überredete, ihn nach dem Dienst privat auszubilden. Dann wurde Chennault als – allerdings nichtfliegender – Nachschuboffizier zur 46. Luftstaffel versetzt, die damals auf Roosevelt Field, Long Island, lag, und rechnete damit, nach Übersee geschickt zu werden. Aber der Krieg ging bereits zu Ende, und Chennault erfuhr zu seiner Enttäuschung, daß keine Staffeln mehr nach Europa verlegt werden würden. Statt dessen wurde er nach Langley Field, Virginia, beordert, um dort mitzuhelfen, eine Meuterei schwarzer Bautruppen niederzuschlagen.

Als die tödliche weltweite Grippeepidemie des Jahres 1918 auch über Langley Field hereinbrach, wurde Chennault die Leitung eines Hilfslazaretts übertragen. Dann warf die Grippe auch ihn aufs Krankenlager und schwächte ihn so sehr, daß die Sanitäter ihn nicht weiterbehandelten. Chennault war ihrer Meinung nach nicht mehr zu retten. Zum Glück entdeckte ihn ein Offizier, den er von Kelly Field her kannte: Chennault wurde – unter anderem mit Bourbon – gesundgepflegt und befand sich bei Kriegsende im November auf der Rückfahrt nach Kelly Field. Er war kräftig genug, um dort die Fliegerschulung mitzumachen.

Nach seiner Ausbildung zum Jagdflieger zeigte Chennault ein ungewöhnlich großes Geschick im Kunstflug. Außerdem bewies er beachtliches Talent als Luftkampftaktiker. Die Flieger-Asse des Ersten Weltkrieges hatten im allgemeinen Pilot gegen Pilot gekämpft; Chennault hielt Ketten zu je drei Flugzeugen für viel schlagkräftiger, weil sie mehr Feuerkraft besaßen und die Piloten sich bei Angriff und Verteidigung gegenseitig unterstützen konnten. Deshalb konzentrierte er sich darauf, die Taktik des Luftkampfes dem Fliegen im Verband anzupassen. Gleichzeitig vermittelte er diese neuen Erkenntnisse den Piloten, die seine Flugschüler waren.

Den Anstoß zu einer weiteren bedeutsamen Neuerung gab Chennault, als er Soldaten auf einen Wasserturm schickte, um sie bei Luftkampfübungen nach „feindlichen" Flugzeugen Ausschau halten zu lassen. Mit Ferngläsern konnten die Luftspäher Flugzeuge in bis zu zehn Kilometer Entfernung ausmachen und ihre eigenen Piloten auf dem Flugplatz über Lautsprecher warnen. Später erweiterte und verbesserte Chennault dieses einfache Frühwarnsystem, indem er es durch ein Funk- und Fernsprechnetz sowie einen zentralen Auswertungsraum zur Ermittlung von Kurs und Geschwindigkeit der feindlichen Maschinen ergänzte. Sein System warnte so früh, daß eine Staffel starten konnte, bevor der Feind in Sicht kam – ein bedeutender Fortschritt in einer Zeit ohne Radar.

Mit seinen radikalen Ideen eckte Chennault schließlich bei seinen Vorgesetzten in der Heeresfliegertruppe an, die der Ansicht waren, durch die Entwicklung schneller und schwerbewaffneter Bomber seien Jagdflugzeuge in Zukunft zur Bedeutungslosigkeit verurteilt. Sie behaupteten, der Bomber sei unbesiegbar. Chennault war anderer Meinung und setzte seine Ansichten jedem auseinander, der sie hören wollte. Er legte sie auch in einer Denkschrift nieder, die viele seiner Vorgesetzten erbitterte, sobald sie in Umlauf kam. Zu ihnen gehörte auch Oberstleutnant Henry H. „Hap" Arnold, der spätere Oberkommandierende der amerikanischen Luftstreitkräfte. „Wer ist dieser verdammte Chennault überhaupt?" erkundigte Arnold sich aufgebracht.

Die Ablehnung seiner Ideen durch die Führungsspitze der Heeresfliegertruppe kränkte Chennault. Sie brachte ihm außerdem seine Ablösung als Taktiklehrer ein: Im Jahre 1933 wurde er an die Spitze eines neuen Heeres-Kunstflugteams gestellt. Chennault und seine Rottenkameraden – John Williamson und Haywood Hansell – nannten sich „Drei Männer am fliegenden Trapez", womit sie auf einen beliebten Schlager anspielten, und ihre Kunstflüge im Verband machten sie in den dreißiger Jahren auf Flugtagen in ganz Amerika berühmt. Als Hansell versetzt wurde, trat William MacDonald an seine Stelle, aber da MacDonald und Williamson trotz ihrer Bemühungen nicht als Berufsoffiziere in die Heeresfliegertruppe übernommen wurden, beschlossen die beiden Piloten, den Dienst zu quittieren und in der Zivilluftfahrt zu arbeiten.

„Das Fliegende Trapez", das sich nun auflösen mußte, gab seine Abschiedsvorstellung Anfang 1936 in Miami. Zu den Zuschauern gehörte General Mao Pang-zo von den chinesischen Luftstreitkräften, der von der

Kunstflugvorführung beeindruckt war. China brauchte dringend Männer mit solchem fliegerischen Können, um sich gegen Japan zu verteidigen, dessen Truppen von der japanisch besetzten Mandschurei aus stetig weiter nach Süden vordrangen. Und bisher waren die meisten Versuche Chinas, ausländische Söldnerpiloten als Militärberater für seine Luftstreitkräfte zu gewinnen, erbärmlich fehlgeschlagen – besonders im Fall des nicht unterzukriegenden Weston Bert Hall.

Nachdem Bert Hall sich als der Raufbold der Lafayette-Staffel etabliert hatte und dann angeblich mit der mit Schmuck beladenen Ehefrau eines zaristischen Generals per Eisenbahn durch das revolutionäre Rußland geflüchtet war, hatte er kein Aufsehen mehr erregt. Im Jahre 1921 ließ seine amerikanische Frau, Bella May Byers, sich von ihm scheiden, wobei sie das Sorgerecht für Bert jr. erhielt. Wo Hall sich danach herumtrieb, war allen, die ihn kannten, häufig ein Rätsel. Allerdings tauchte er gelegentlich in Paris und Hollywood auf. Und er brachte es fertig, sich einen ganzen Harem von Frauen zuzulegen, die mit ihm verheiratet zu sein glaubten: Bei der Feier zur Einweihung des Denkmals für die Lafayette-Staffel, das im Jahre 1928 bei Paris errichtet wurde, erschienen nicht weniger als drei Frauen, die sich als Mrs. Bert Hall ausgaben und allen Ernstes Anspruch auf denselben Sitzplatz erhoben.

Im Jahre 1929 trat der geheimnisvolle Bert Hall wieder an die Öffentlichkeit, als seine von einem Ghostwriter verfaßten Memoiren unter dem Titel *One Man's War* erschienen. Damals schien Hall sich in China aufgehalten zu haben, wohin er angeblich Douglas-Flugzeuge verkaufte. Im Jahre 1932 brachten Zeitungen erste Meldungen, daß Hall zum Oberbefehlshaber der chinesischen Luftstreitkräfte aufgestiegen und in ganz China als der mächtige General Tschang Hui-tschang bekannt sei. Am 27. April 1930 erklärte sogar die *New York Times*, Hall als Oberbefehlshaber der chinesischen Luftstreitkräfte sei eine natürliche Folge der Tatsache, daß er der größte Luftabenteurer der Welt sei.

„Kaum eine Woche vergeht", berichtete die *Times* atemlos, „ohne daß in den Nachrichten der Name irgendeines Abenteurers erscheint, dessen Begeisterung für aufregende Erlebnisse ihn in irgendein fernes Land geführt hat, wo er in irgendeiner ungewöhnlichen und gefährlichen Position tätig ist. Heute ist es Bert Hall, der amerikanische Flieger." Die Zeitung verglich Hall dann mit dem damals schon legendären Lawrence von Arabien und stellte fest: „Der hervorragendste fliegende Glücksritter ist zweifellos dieser Bert Hall." Außerdem wiederholte die *Times* Halls erlogene Geschichten von seiner Teilnahme an den Balkankriegen 1912/13, in denen er zuerst für die Türken und dann für deren bulgarische Gegner geflogen sein wollte, von seiner Dienstzeit in den Schützengräben der französischen Fremdenlegion und von seinen Heldentaten in der Lafayette-Staffel. Auch andere Zeitungen fühlten sich verpflichtet, den Weg dieses berühmten Fliegers zu verfolgen. Die Washingtoner Zeitung *Evening Star* berichtete ihren Lesern später ernsthaft: „Drüben in China steht im dichtesten Kampfgetümmel General Tschang Hui-tschang. Er ist Oberbefehlshaber der chinesischen Luftstreitkräfte, aber er heißt keineswegs Tschang, und er ist nicht einmal ein Chinese."

In Wirklichkeit war Hall auch nicht Oberbefehlshaber, sondern hatte diese Rolle mit seinem großartigen Talent zur Selbstverherrlichung einfach erfunden – vielleicht um Werbung für sein Buch zu machen. Nach seiner Ankunft im politisch gespaltenen China hatte er es zum Berater des Kommandeurs der Luftstreitkräfte einer der kriegführenden Parteien gebracht (der General Tschang Hui-tschang hieß). In Briefen an Freunde in Amerika benutzte er den Namen des chinesischen Generals und behauptete, derselbe zu sein. Nachdem der Journalist Ernie Pyle festgestellt hatte, daß es tatsächlich einen chinesischen General dieses Namens gab, schrieb er einen Artikel, in dem er erläuterte, daß es sich um zwei Generäle handele – einen namens Tschang und einen gewissen Tschan, der in Wirklichkeit Bert Hall sei –, die an der Spitze der Luftstreitkräfte verfeindeter chinesischer Parteien stünden.

Hall hatte ein verwirrendes Netz gewoben. Er war jedoch weder Tschan noch Tschang, sondern stand im Juni 1931 im Begriff, General Tschang mit dem Ankauf nicht existierender Douglas-Bomber um 100 000 Dollar zu betrügen. Mit Hilfe einer Briefkastenfirma, der National Import Company, brachte er General Tschang dazu, die 100 000 Dollar auf ein Treuhandkonto bei der Filiale einer amerikanischen Bank in Kanton einzuzahlen. Dann überredete Hall einen ahnungslosen Bankangestellten, das Geld nach San Francisco auf ein Bankkonto zu überweisen, das Floyd N. Shumaker gehörte. Dieser Pilot und Komplice Halls hob die 100 000 Dollar dann prompt ab. Unterdessen hatte Hall China verlassen.

General Tschang, der mißtrauisch geworden war, erschien mit einem Adjutanten im amerikanischen Konsulat in Kanton, um sich das Geld zurückgeben zu lassen. Daraus drohte ein peinlicher diplomatischer Zwi-

Die Piloten des Kunstflugteams des amerikanischen Heeres – von links nach rechts: William MacDonald, Claire Chennault und John Williamson – stehen im Jahre 1935 lässig vor einem Boeing-Jagdflugzeug des Typs P-12 auf dem Flugplatz von Maxwell, Alabama. Später wurden alle drei Männer Luftwaffenberater des chinesischen Generalissimus Tschiang Kai-schek.

Kostspielige Unfälle zeigen, wie dringend die chinesischen Luftstreitkräfte in den dreißiger Jahren erfahrene Militärberater wie Claire Chennault benötigten. Der Vultee-Sturzbomber (links) und das Hawk-Jagdflugzeug (Mitte unten) gingen auf das Konto der unzulänglich ausgebildeten chinesischen Piloten. Die Startbahnkollision (oben) und der Kopfstand eines Dewoitine-Jägers vom Typ D-510 waren das Werk ausländischer Fluglehrer.

schenfall zu entstehen, und nach intensiven Ermittlungen durch das Konsulat und die amerikanische Bank wurde Halls kalifornischer Komplize Shumaker festgenommen, gegen Kaution allerdings bald wieder auf freien Fuß gesetzt. Als Hall Ende August in Kalifornien an Land ging, wurde er ins Stadtgefängnis von Los Angeles gesteckt. Er brachte 25 000 Dollar Kaution auf, um freigelassen zu werden – und dann zogen die Chinesen zur allgemeinen Überraschung ihre Anzeige zurück, vermutlich weil General Tschang fürchten mußte, zuviel Gesicht zu verlieren, wenn die Gerichtsverhandlung an den Tag brachte, wie er hereingelegt worden war.

Hall, der niemals aufgab, solange er im Vorteil war, kehrte nach China zurück, wo er im Jahre 1933 bei dem Versuch geschnappt wurde, einen anderen chinesischen General zu betrügen – diesmal um bloße 10 000 Dollar für 1000 nicht existierende Mauser-Pistolen samt Munition. Nachdem Hall eine chinesische Bank dazu überredet hatte, den Schuldschein des Generals einzulösen, verließ er China unauffällig an Bord des Dampfers *Choko Maru*, der ihn nach Kobe in Japan bringen sollte, um von dort aus die Weiterreise nach Amerika anzutreten.

Aber Hall hatte nicht mit dem tatkräftigen amerikanischen Generalkonsul in Tientsin, F. P. Lockart, gerechnet. Nachdem Lockart von diesem neuesten Betrug gehört hatte, bat er seinen japanischen Kollegen um Amtshilfe. Sie wurde gewährt. Als die *Choko Maru* in Kobe anlegte, durfte Hall sie nicht verlassen, sondern mußte mit nach China zurückfahren, um sich dort zu verantworten. Hall wurde festgenommen und vor das amerikanische Konsulargericht gestellt, das ihn zu zwei Jahren Haft in der Strafanstalt McNeil Island im Bundesstaat Washington verurteilte.

Bert Hall wurde unsanft in das Gefängnis abgeschoben. Nachdem er durch seine Haftstrafe offenbar geläutert worden war, ließ er sich mit einer neuen Ehefrau – einer Tänzerin aus Hollywood – in der ruhigen Gemeinde Castalia, Ohio, nieder. Dort verwandelte er während des Zweiten Weltkrieges gemeinsam mit einem Partner einen einfachen Schuppen in eine Fabrik, die windige Balsaholzmodelle der deutschen Rakete V 2 herstellte, die die Kinder mit Schleudern abschießen konnten. Hall gab seiner Firma den Namen Sturdy Toy Company (etwa „Robusta-Spielwarenfabrik"). Er hatte dieser Versuchung nicht widerstehen können.

Bedauerlicherweise bedeutete das Ende von Bert Halls Chinaaufenthalt nicht auch das Ende des schmerzlichen Weges, den China gehen mußte. Die den unfähigen oder skrupellosen ausländischen Beratern vom Schlage Halls ausgelieferten Oberbefehlshaber der chinesischen Luftstreitkräfte blieben auch Ende der dreißiger Jahre Papiertiger. Sie verfügten angeblich über 500 Flugzeuge, aber in ganz China waren etwa nur 100 Kampfflugzeuge einsatzfähig. Die Luftstreitkräfte litten unter Korruption, und nach unzulänglicher Ausbildung durch italienische Militärfluglehrer besaßen die Piloten zwar prächtige Diplome, aber kein großes Wissen.

Angesichts der wachsenden japanischen Aggression brauchte der mächtige nationalchinesische Staatschef, Generalissimus Tschiang Kai-schek, dringend eine Luftwaffe, die sich bei einer Kraftprobe behaupten konnte. Im Jahre 1936, als Chennaults „Drei Männer am fliegenden Trapez" auseinandergingen, legte der Generalissimus das Luftwaffenproblem in die Hände seiner außergewöhnlich begabten, am Wellesley College ausgebildeten Frau, die es hervorragend verstand, Unterstützung für die Sache ihres Mannes zu gewinnen.

Die tatkräftige Madame Tschiang machte sich sofort daran, die Luftstreitkräfte umzuorganisieren und zu neuem Leben zu erwecken. Um ihr Programm verwirklichen zu können, brauchte sie jedoch einen Mann, der

Der amerikanische Söldnerpilot Claire Lee Chennault (Mitte) spricht in Kunming mit chinesischen Flugschülern. Die von ihm eingeführten strengen Ausbildungsmethoden standen in scharfem Gegensatz zu denen ihrer ehemaligen italienischen Ausbilder, die vielen unqualifizierten Flugschülern den Pilotenschein nur aushändigten, weil sie aus wohlhabenden Familien stammten.

das nachholte, was frühere ausländische Militärberater versäumt hatten, einen Mann mit Erfahrung und Mut, ein Vorbild an Rechtschaffenheit – das Gegenteil von Bert Hall. Diesen Mann sollte sie in Claire Chennault finden, dessen Kunstflugvorführung General Mao Pang-zo so beeindruckt hatte.

Chennault war bereit, eine Aufgabe dieser Art zu übernehmen. Das Kunstflugteam war aufgelöst, und die vielen Sturzflüge hatten seine Trommelfelle so geschädigt, daß ein Fliegerarzt ihm verboten hatte, mit schnelleren Maschinen als Schulungsflugzeugen zu fliegen. Im Frühjahr 1937 litt er außerdem an Erschöpfungszuständen, chronischer Bronchitis und niedrigem Blutdruck. Da Chennault bei den Heeresfliegern Flugverbot hatte, beschloß er, sich nach einem Zivilberuf umzusehen. Sein alter Freund, der ehemalige Militärpilot Roy Holbrook, war bereits nach China gegangen und dort als Luftfahrtberater tätig. Als Holbrook erstklassige Ausbilder suchte, hatte Chennault ihm zuerst die beiden früheren Teamkameraden William MacDonald und John Williamson vermittelt. Seitdem war er durch ihre Briefe über Chinas Notlage informiert.

Kurze Zeit nach Auflösung des Kunstflugteams machte Roy Holbrook ihm von China aus einen so großzügigen Vorschlag, daß Chennault unmöglich ablehnen konnte. Madame Tschiang wollte ihn für eine dreimonatige vertrauliche Inspektion der chinesischen Luftstreitkräfte engagieren. Er würde 1000 Dollar Monatsgehalt und Spesen erhalten und den Auftrag ausführen können, wie er es für richtig hielt. Chennault nahm das Angebot sofort an und war wenig später mit dem Schiff nach Kobe unterwegs, wo Bert Hall vier Jahre zuvor überlistet worden war. Dort erwartete ihn MacDonald, dessen Papiere ihn absurderweise als Betreuer einer chinesischen Akrobatentruppe, der für China arbeitenden Söldner, auswiesen,

Soldaten der chinesischen Luftabwehr verfolgen den Anflug japanischer Bomber auf einer Sektorenkarte, indem sie die in ihrem unterirdischen Bunker in Tschungking eingehenden telephonischen Beobachtermeldungen eintragen. Dieses von Chennault zur Alarmierung vor feindlichen Luftangriffen eingeführte Warnsystem trug auch zur Rettung abgeschossener alliierter Flieger bei.

und die beiden nahmen vor ihrer Weiterreise nach China rasch noch zwei japanische Großstädte in Augenschein, die für den Feind von großer strategischer Bedeutung waren.

Anfang Juli 1937, etwa zwei Monate nach Chennaults Ankunft, verstärkte Japan den Druck auf China durch einen Großangriff auf die alte Hauptstadt Peking. Chennault, der dadurch seine Inspektionsreise abbrechen mußte, erklärte sich sofort bereit, die chinesischen Luftstreitkräfte zum Abwehrkampf zu sammeln. Aber die verzweifelten Luftangriffe auf die japanischen Invasoren führten nur zu schweren Enttäuschungen. Chennault mußte feststellen, daß seine chinesischen Piloten zwar den Mut hatten, gefährliche Einsätze zu fliegen, aber ihr Ausbildungsstand zu schlecht war, als daß sie irgendwelche Erfolge hätten erzielen können. Die Sowjetunion unterstützte China mit Flugzeugen und Piloten, die den japanischen Ansturm vorerst zum Stehen bringen halfen, und Madame Tschiang schlug vor, Chennault solle ausländische Söldnerpiloten anwerben, um die chinesische Luftverteidigung zu stärken. Der bärbeißige Chennault kannte seine Fliegerkameraden gut genug, um zu wissen, daß ein solches Angebot wahrscheinlich Halunken, Abenteurer und Eigenbrötler, aber nicht die disziplinierten Militärpiloten locken würde, die die sorgfältig geplanten Angriffe, an die er dachte, fliegen könnten. Doch die Entscheidung fiel, als der amerikanische Geschäftsmann William Pawley im Herbst 1938 China zwei Dutzend Langstreckenbomber Vultee V-11 zum Kauf anbot. Dafür wurden geeignete Piloten benötigt, und Chennault stimmte der Anwerbung von Söldnerpiloten zu.

Er bekam genau das, was er erwartet hatte. Mit wenigen Ausnahmen, zu denen der ausgezeichnete Pilot George Weigel und der wortkarge Texaner

Jim Allison – direkt aus Spanien, wo er mit Frank Tinker und Whitey Dahl für die Republikaner geflogen war – gehörten, lebten die meisten der internationalen Piloten, die in Hankou eintrafen, um die Vultees zu fliegen, nach Chennaults Feststellungen „fast ausschließlich von hochprozentigen Getränken". Aber bevor sie wirklich zeigen konnten, was sie taugten, brachte ihre Vorliebe für Alkohol und Prahlerei sie um alle ihre Flugzeuge: Japanische Agenten erlauschten in den von der sogenannten „Internationalen Luftstaffel" bevorzugten Bars Einzelheiten eines für den nächsten Tag geplanten Angriffs auf Tsinan, und vor Sonnenuntergang erschienen feindliche Bomber und zerstörten sämtliche Vultees am Boden.

Das Ereignis bedeutete auch, daß der von Chennault aufgebaute Luftspäh- und Warndienst versagt hatte. Trotzdem blieb das Alarmsystem die erste bedeutende Leistung Chennaults in China. Die Amerikaner nannten ihn „Jing Bow". Das war ihre Version eines chinesischen Wortes, das „wachsam sein" bedeutet. Aus ganz China meldeten Beobachter über

Burmood, charmant wie immer, freut sich zusammen mit einer Freundin, der chinesischen Pilotin Li Ja-tsching. Die beiden trennten sich im Jahre 1938, als sie durch Amerika reiste, um Geld zu beschaffen. Burmood fand eine andere Frau.

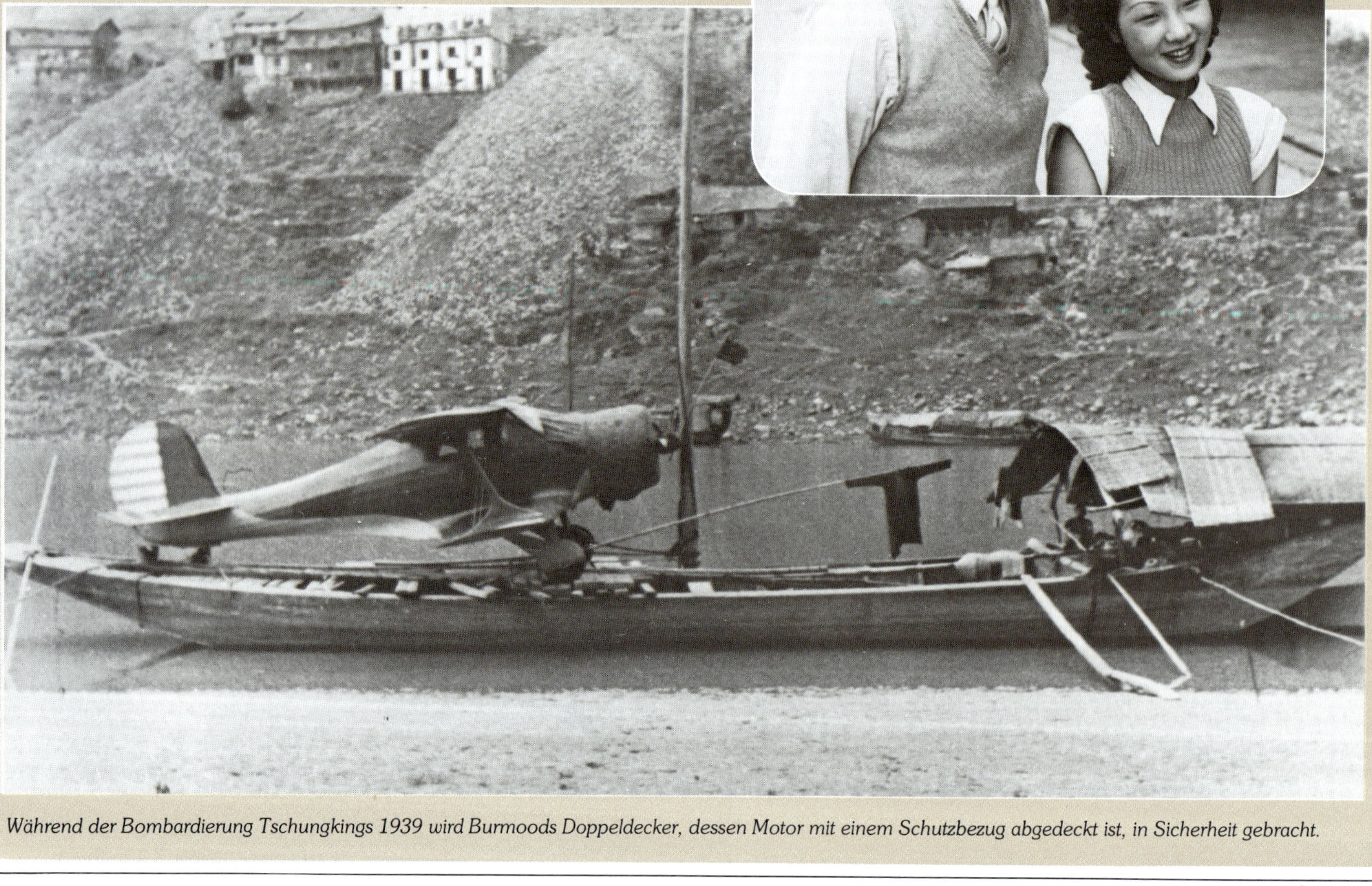

Während der Bombardierung Tschungkings 1939 wird Burmoods Doppeldecker, dessen Motor mit einem Schutzbezug abgedeckt ist, in Sicherheit gebracht.

Funk, Kabel oder Telephon einer zentralen Auswertungsstelle die Bewegungen feindlicher Flugzeuge, so daß Chennault seine wenigen Piloten möglichst gezielt einsetzen konnte.

Aber China bedurfte sehr viel stärkerer Unterstützung, wenn es sich der japanischen Übermacht erfolgreich zur Wehr setzen sollte. Eine Zeitlang erhöhten die Russen ihre Hilfeleistungen für die bedrängten Chinesen, aber ab 1940 brauchte die Sowjetunion ihre Mittel in erster Linie für den in Europa wütenden Krieg. Frankreich war von den Deutschen besetzt worden, und England kämpfte um sein Leben. Nur die Vereinigten Staaten konnten helfen, aber es würde schwierig sein, Präsident Franklin D. Roosevelt zu einem Zeitpunkt zu Militärhilfe zu bewegen, an dem Amerika entschlossen war, sich aus ausländischen Kriegen herauszuhalten. Im Oktober entsandten die Tschiangs Chennault in die Vereinigten Staaten, um Flugzeuge zu kaufen und Piloten anzuwerben.

Chennault unterstand dabei Madame Tschiangs gerissenem Bruder T. V. Sung, einem in Amerika ausgebildeten Finanzgenie, das die finanziellen Mittel für den Aufstieg von Generalissimus Tschiang aufgebracht hatte. Sung residierte in Washington, wo er zugleich chinesischer Ministerpräsident, Außenminister und Botschafter in den Vereinigten Staaten war. Er kannte sich in Washington bestens aus und machte Chennault mit den Journalisten Joseph Alsop und Edgar Ansel Mowrer bekannt, die sehr chinafreundlich waren und in der amerikanischen Hauptstadt großen Einfluß hatten. Alsop und Mowrer machten sich gemeinsam daran, amerikanische Spitzenpolitiker für Tschiangs Sache zu begeistern.

Chennault und Sung kam sehr zugute, daß Sung mit einem der engsten Mitarbeiter Präsident Roosevelts, Thomas G. Corcoran, der den Spitznamen „Tommy the Cork" (Tommy der Korken) trug, persönlich befreundet war. Bei ihrer ersten Begegnung tat Corcoran Chennault als Fanatiker ab, aber nachdem er sich dessen Pläne hatte erklären lassen, war Corcoran davon überzeugt, es mit „etwas Einmaligem" zu tun zu haben, und entwickelte große Hochachtung vor dem Flieger.

Präsident Roosevelt war schon im voraus geneigt gewesen, China zu helfen, wenn eine Möglichkeit gefunden würde, das unauffällig und ohne politischen Skandal zu tun. Seine Familie war im 19. Jahrhundert im Chinahandel tätig gewesen, und Roosevelt hatte wie viele Amerikaner eine idealisierte Vorstellung von dem riesigen asiatischen Staat. Mit seiner Billigung führte Corcoran Chennault und Sung bei wichtigen Kabinettsmitgliedern ein. Aber als Sung Finanzminister Henry Morgenthau mitteilte, China benötige bis zu 500 Flugzeuge, wurde ihm erklärt, er könne statt der Flugzeuge ebensogut 500 Sterne vom Himmel verlangen. Die Vereinigten Staaten hatten sich bereits verpflichtet, England Bomber und Jäger zu liefern, und brauchten die restlichen Maschinen für die eigenen Streitkräfte.

Chennault und Sung gelang es schließlich, 100 Jagdflugzeuge Curtiss P-40 loszueisen, die beim amerikanischen Heer als „Warhawks" und bei den Engländern als „Tomahawks" bekannt waren. Die ursprünglich zur Lieferung nach England vorgesehenen, in Kisten verpackten Maschinen konnten erst nach China verschifft werden, als die Engländer mit der Versicherung beruhigt worden waren, sie würden dafür neuere Flugzeuge erhalten. Um die Maschinen bezahlen zu können, gründete Sung mit mehreren amerikanischen Partnern die Firma China Defense Supplies Incorporated; und ihr allgemeiner Berater wurde Tommy Corcoran, dessen direkter Draht zum Weißen Haus sich als unbezahlbar erweisen sollte. Für andere Aufgaben, zu denen beispielsweise die Endmontage und Wartung der P-40 in China gehörte, engagierte Sung William Pawley. Er hatte die Vultee V-11 verkauft, die Chennaults Internationale Luftstaffel

Ein Frauenheld als Söldnerpilot

Als der liebenswürdige Cornelius Burmood, ein amerikanischer Söldner, im Jahre 1938 mit zwei Beechcraft-Doppeldeckern des Typs D-17R in China eintraf, erwartete er keine gefährlichen oder zeitraubenden Aufgaben, sondern nur Geschäftsverhandlungen. Aber Burmood, ein für weiblichen Charme stets sehr empfänglicher Mann, begegnete einer der bezauberndsten Frauen des 20. Jahrhunderts, blieb zwei Jahre lang in China und riskierte sein Leben als Söldnerpilot im Krieg gegen Japan.

Als der Flieger Tschiang Kai-scheks Hauptquartier erreichte, um die Maschinen als Kurierflugzeuge zu verkaufen, wurden sie von Madame Tschiang abgenommen, die ihm vorschlug, als ihr Privatpilot in China zu bleiben. Burmood war von ihr so beeindruckt, daß er zustimmte.

Der Amerikaner erhielt jedoch bald gefährlichere Aufträge, als nur Madame Tschiang zu chauffieren. Mit einer der beiden schnellen D-17R flog er zwei Jahre lang durch das Feuer japanischer Jäger und Flak, um chinesische Generäle in Kampfgebiete zu befördern. Im Jahre 1939 mußte er sein Flugzeug auf einem Boot aus Tschungking in Sicherheit bringen, während feindliche Bomber die Stadt angriffen. Im Jahre 1940 hatte er dann genug von China und kehrte nach Amerika zurück. Er flog als Buschpilot und war Goldsucher, bevor sein farbiges Leben im Jahre 1970 bei einem Flugzeugunglück in Mexiko endete.

fliegen sollte. Pawley gründete die Central Aircraft Manufacturing Company – CAMCO – mit einem Büro in Manhattan und einem Montagewerk in Loiwing an der Grenze Chinas mit Burma, die im Westen weit entfernt von der Front verlief. Die CAMCO würde auch als Tarnorganisation zur Anwerbung von Piloten für die Curtiss P-40 dienen.

Es war nicht einfach, amerikanische Jagdflieger für den Einsatz in China anzuwerben, und als Chennault seinen alten Widersacher Hap Arnold – der damals die Heeresluftstreitkräfte befehligte – bat, ihm bei der Suche nach Freiwilligen in den Streitkräften behilflich zu sein, lehnte Arnold ab. Er sagte, er könne es nicht verantworten, die eigene Truppe zu schwächen, indem er seine Männer auffordere, sich für den Dienst in China zu melden. Admiral John Towers, der Kommandeur der Marineflieger, hatte sich denselben Standpunkt zu eigen gemacht.

Dann griff der amerikanische Präsident ein und stieß ihre Entscheidung um, weil ihn die Aussicht auf einen japanischen Sieg über China beunruhigte – und vielleicht auch, weil Chennaults Lieblingsgedicht, A. E. Housmans „Nachruf auf ein Söldnerheer", ihn beeindruckt hatte. Nach Roosevelts Überzeugung erlebten sie, daß der Himmel einzustürzen drohte, und seiner Ansicht nach war die Zeit reif für eine Söldnertruppe, die das retten sollte, was Gott preisgegeben hatte, wie es in Housmans Gedicht hieß. Am 15. April 1941 unterzeichnete Roosevelt einen Präsidialerlaß, der Soldaten gestattete, aus ihrem Dienstverhältnis auszuscheiden, einen Vertrag mit der CAMCO abzuschließen und ein Jahr lang mit Chennault gegen die Japaner zu kämpfen; danach konnten sie in ihre Stellungen bei den amerikanischen Streitkräften zurückkehren.

Werber machten sich sofort zu Luftstützpunkten von Heer, Marine und Marinekorps auf und boten Freiwilligen 250 bis 750 Dollar Monatsgehalt sowie Reisespesen, kostenlose Unterkunft und 30 Tage bezahlten Urlaub. Zu diesen vertraglichen Abmachungen kam ein privates Versprechen aus China, daß die Piloten für jedes vernichtete feindliche Flugzeug 500 Dollar Prämie erhalten würden. Unterdessen bereitete das Außenministerium, das erst kurze Zeit zuvor versucht hatte, die Teilnahme von Amerikanern am Spanischen Bürgerkrieg zu verhindern, Reisepässe für die neuen amerikanischen Söldner vor – offiziell als American Volunteer Group (Amerikanische Freiwilligengruppe) oder AVG bezeichnet –, mit denen sich die Piloten als Touristen, Künstler, Studenten, Vertreter, Bankiers und natürlich auch als Missionare ausweisen konnten. Missionare waren sie jedoch keine, vor allem Gregory Boyington nicht.

Falls es ein schwarzes Schaf in der Herde gab, als die AVG sich sammelte, war es Gregory Boyington. Er wurde für die Flying Tigers, was Bert Hall für die Lafayette-Staffel und Bert Acosta für die Piloten der Internationalen Brigaden in Spanien gewesen waren: der Überzählige, der krumme Zweig zwischen den geraden Pfeilen. Er gehörte außerdem zu Chennaults besten Piloten und war ein Mann, mit dem man sich besser nicht anlegte, weder in einer Bar noch im Luftkampf. Er war, kurz gesagt, ein Schwärmer und Abenteurer, dem unsterblicher Ruhm bestimmt war.

Als 28jähriger Oberleutnant des US-Marinekorps mit sechs Jahren Flugerfahrung war Boyington ein erstklassiger Pilot, der als Fluglehrer in der Marineflieger-Station in Pensacola festsaß. Dort fand er sich widerstrebend mit straffer Disziplin ab und schrieb widerwillig monatliche Berichte, in denen er dem Kommando des Marinekorps auseinandersetzte, wie er die finanziellen Forderungen seiner geschiedenen Frau und seiner Gläubiger befriedigen wolle. Als der AVG-Werber kam, erkannte Boyington, daß sich ihm hier endlich eine Chance bot. Später schrieb er: „Ich erzählte ihm nicht, daß er einen Offizier einstellte, bei dem eine fatale Lücke zwischen Einkommen und Schulden klaffte. Und ich erzählte ihm auch nicht, daß ich ein Könner auf Cocktailparties war."

In seiner ganzen Art hätte Boyington vielleicht besser in Chennaults ursprüngliche Fliegertruppe, die Internationale Luftstaffel, gepaßt als in die überraschend konventionelle AVG. Abgesehen von einigen bedeutsamen Ausnahmen stellten die übrigen Freiwilligen, die sich in San Francisco sammelten, um im Sommer und Herbst 1941 mit drei niederländischen Schiffen nach Rangun zu fahren, einen Querschnitt der amerikanischen Jugend dar. Einer von ihnen, David Lee „Tex" Hill, war der Sohn eines Missionars, der im Fernen Osten tätig gewesen war; James H. Howards Vater war dort Missionsarzt gewesen.

Die meisten waren vielversprechende Piloten, hatten aber keinerlei Kampferfahrung. Tatsächlich hatte nur Albert J. „Ajax" Baumler jemals Flugzeuge abgeschossen – fünf feindliche Maschinen in Spanien. Baumler sollte erst ein Jahr später in China eintreffen, so daß die AVG sich ohne die geringste Luftkampferfahrung in das große Abenteuer stürzte. Die meisten der Männer, wie zum Beispiel der 25jährige Eric Shilling oder der 24jährige Richard Rossi, waren allerdings lernwillig und sahen in der AVG eine Chance, den Zwängen des Militärdienstes im Frieden zu entkommen und am Vorabend des ihrer Ansicht nach unvermeidlichen Eintritts der Vereinigten Staaten in den Krieg gegen Deutschland in exotischer Umgebung Kampferfahrung zu sammeln. Sie glaubten auch, daß die Vereinigten Staaten eines Tages in Asien Krieg führen würden, und betrachteten den Auftrag, die sich durch das Gebirge schlängelnde Burmastraße zu schützen, als nützliche Vorbereitung auf die kommende Auseinandersetzung.

Boyington, den es irgendwie amüsierte, daß sein Paß ihn als Missionar auswies, traf rechtzeitig in San Francisco ein, um zu der dritten Reisegruppe zu stoßen. Er begutachtete seine idealistischen Gefährten mit einem kurzen Blick und gelangte zu dem Schluß, daß einige von ihnen „nicht nur des Geldes wegen mitkamen".

Im September 1941 traf seine Gruppe in Rangun ein, nachdem er und einige gleichgesinnte Kameraden unterwegs die Bars und Nachtklubs von Batavia und Singapur verwüstet hatten. Nach einer feuchtfröhlichen Ankunftsfeier im Silver Grill, dem einzigen Nachtklub des puritanischen britischen Kolonialhafens, fuhren die Söldnerpiloten von Rangun aus etwa 270 Kilometer weit mit dem Zug nach Norden zum RAF-Flugplatz Toungu, der Chennault für Ausbildungszwecke zur Verfügung stand.

Burma war damals eine wichtige Bastion der Engländer in Südostasien. Trotzdem hatte England die Masse seiner in Asien stationierten Kräfte in Singapur zusammengezogen, so daß die Luftverteidigung Burmas einigen wenigen Piloten überlassen blieb, die amerikanische Jagdflugzeuge des Typs Brewster Buffalo flogen. Chennaults AVG-Rekruten würden in Toungu geduldet werden, bis sie ihre Ausbildung abgeschlossen hatten und nach Norden zur Endstation der Eisenbahn in Laschio auf dem Schan-Plateau flogen. Von dort aus sollten sie die Burmastraße, die sich durch zerklüftetes Gebirge nach Kunming in China schlängelte, überwachen.

Bis Dezember waren drei Piloten bei Ausbildungsunfällen umgekommen, und andere waren wegen der äußerst primitiven Lebensbedingungen in den feuchtheißen strohgedeckten Teakholzunterkünften von Toungu *(S. 104–105)* abgereist. Toungu, die ehemalige Hauptstadt burmesischer Könige im zentralen Mittelgebirge, erwachte jetzt nur noch aus seinem Dämmerzustand, um die bei Sonnenuntergang auftretenden Moskitoschwärme zu verscheuchen. Chennault lehrte seine Männer unverdrossen die Taktik des Luftkampfes und bildete sie an den P-40 aus, wobei einige Maschinen von den Piloten, die dieses Muster noch nicht kannten, beschädigt oder zerstört wurden. Ein Pilot hatte fünf kleine amerikanische Flaggen auf seine Maschine gemalt; er hatte bereits mit fünf P-40 Bruch gemacht und erfüllte damit die Bedingungen für ein japanisches As. Selbst der erfahrene Boyington, der Dreipunktlandungen auf Flugzeugträgern gewöhnt war, hätte bei seiner ersten Landung beinahe Bruch gemacht, weil die P-40 zuerst mit dem Hauptfahrwerk aufsetzen mußte. Als er durchstartete, um nochmals zur Landung anzufliegen, gab er zuviel Gas und hätte beinahe den Motor überdreht.

Einige der jungen amerikanischen Piloten waren der Ansicht, die Brewster Buffalos der RAF seien den P-40, die sie fliegen würden, überlegen, und drängten Chennault, eine Staffel P-40 gegen eine Staffel Buffalos einzutauschen. Bevor Chennault darauf einging, wollte er sich selbst davon überzeugen, welches Flugzeug besser war. Er vereinbarte mit dem RAF-Oberkommando in Rangun einen Schein-Luftkampf zwischen den beiden Maschinen und ließ die P-40 von Eric Shilling – dem Piloten, der das Haifischmaul als AVG-Erkennungszeichen eingeführt hatte – fliegen. Am Steuerknüppel der Brewster Buffalo saß ein englischer Staffelchef, der in der Luftschlacht um England mitgekämpft hatte.

Shilling hatte bei seinem Vater, der im Ersten Weltkrieg Pilot im Fliegerverband der Heeresnachrichtentruppe gewesen war, fliegen gelernt. Er war ein ausgezeichneter Kunstflieger, der die Brewster Buffalo bei drei Anflügen dreimal ausmanövrierte und in Schußposition gelangte. Daraufhin beschloß Chennault, seine P-40 zu behalten.

Die AVG-Piloten, deren Stimmung sich durch Shillings Sieg über den erfahrenen englischen Jagdflieger und durch die schneidigen Tigerhairachen an ihren P-40 merklich gebessert hatte, bildeten drei Staffeln, von denen sich die erste Adam-and-Eves, die zweite Panda Bears und die dritte Hell's Angels nannte. Aber trotz der guten Stimmung traf es die jungen Flieger völlig unvorbereitet, als sie am 8. Dezember 1941 – auf der östlichen Seite der internationalen Datumsgrenze – vor Tagesanbruch mit der Meldung aus dem Schlaf gerissen wurden, der amerikanische Marinestützpunkt Pearl Harbor sei von den Japanern überfallen worden.

Chennault ließ seine Piloten sofort starten, denn er hatte sich überlegt, daß er – wäre er ein japanischer Oberbefehlshaber – nach Pearl Harbor von japanischen Stützpunkten in Thailand oder Indochina aus einen blitzschnellen Schlag gegen die unerfahrene chinesische Luftstaffel am Boden führen und sie vernichten würde. Das schaffte die AVG beinahe ohne Feindeinwirkung. Einige der ersten Piloten, die in der Dunkelheit die Startbahn entlangröhrten, bevor ihre Motoren richtig warmgelaufen waren, mußten erleben, daß die Leistung der Motoren abfiel und die Maschinen Kopfstände machten, wobei die Luftschrauben verbogen und die Fahrwerke abrissen. In wilder Hektik wurden die gestarteten Maschinen wieder zurückgerufen und weitere Starts unterbunden – Chennault hatte eingesehen, daß es besser sei, den Verlust einiger P-40 durch japanische Bomben zu riskieren, als alle Maschinen durch Bruchlandungen auf Reisfeldern oder im Dschungel, von dem der Platz umgeben war, zu verlieren. Aber die Japaner gingen nicht zum Angriff vor und vergaben damit eine einmalige Chance.

Bei Tagesanbruch ließ Chennault eine Kette P-40 in großer Höhe nach feindlichen Flugzeugen Ausschau halten und befahl seinen Piloten, alles für die Verlegung auf ihren chinesischen Einsatzhafen Kunming, rund 1000 Kilometer nordöstlich von Toungu, vorzubereiten. Nach Konsultationen mit dem englischen Oberkommando und Tschiang Kai-schek ließ er die Hell's Angels zurück, damit sie ihren RAF-Kameraden helfen konnten,

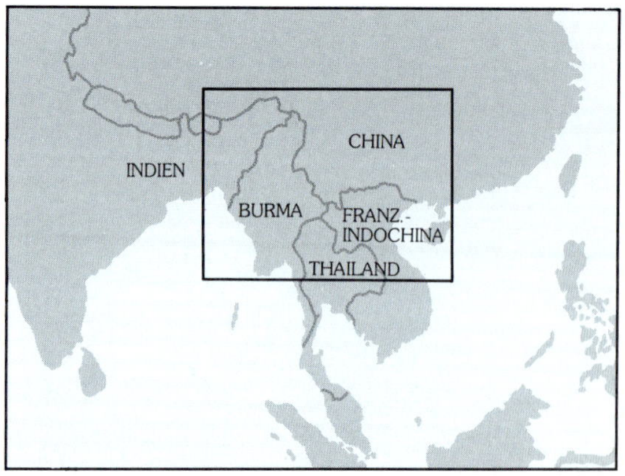

Von Luftstützpunkten im Schutz der Gebirge Burmas und Südchinas flogen die Piloten von Claire Chennaults American Volunteer Group (AVG) Einsätze gegen japanische Bomber, die die Burmastraße bedrohten. Das zerklüftete Bergland, über dem sie operierten, machte die Navigation schwierig und Notlandungen lebensgefährlich.

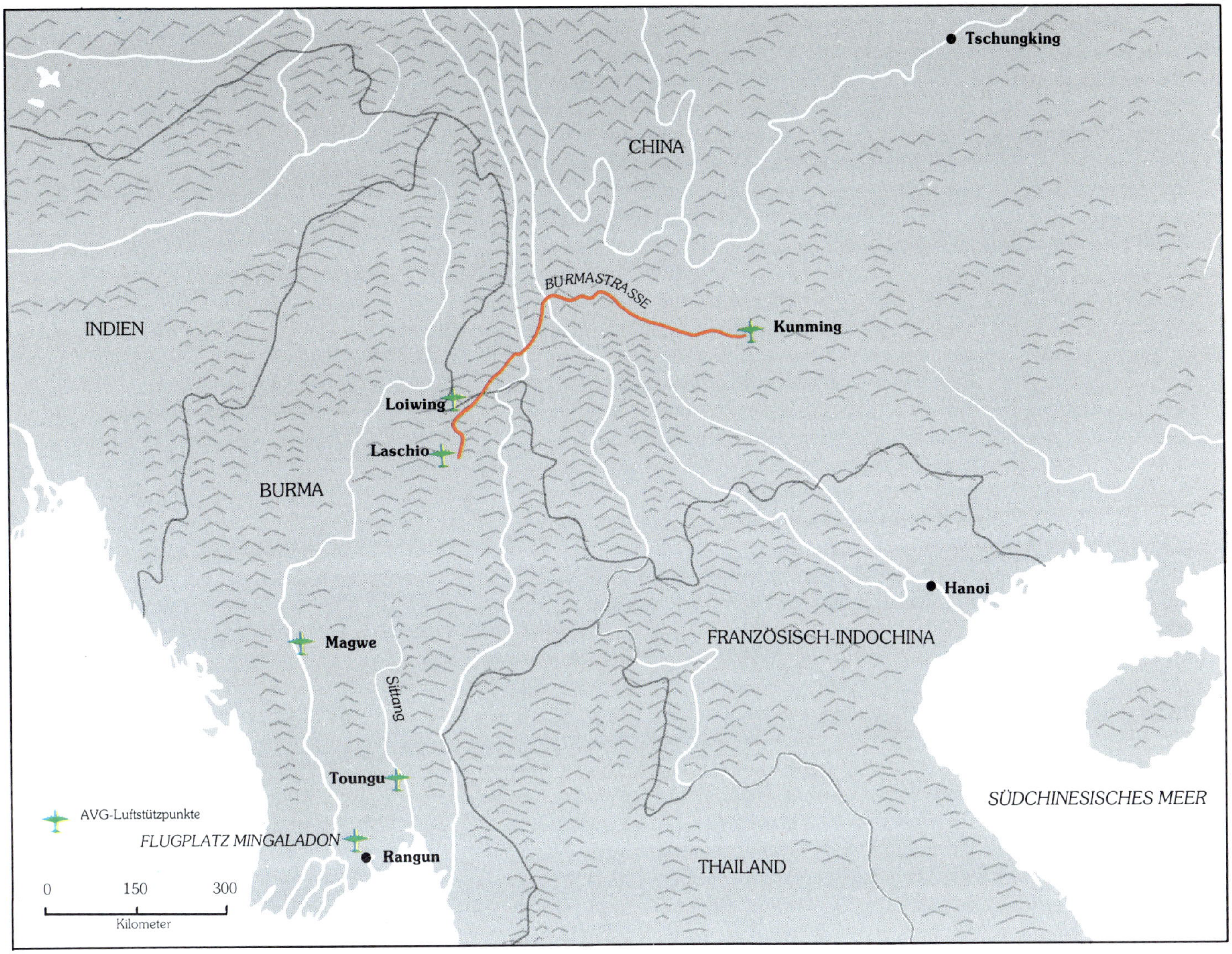

Rangun zu verteidigen, und schickte die beiden anderen Staffeln auf ihren ersten Flug über die östlichen Himalaja-Ausläufer mit Kurs auf Kunming. Zurück blieben auch drei Piloten – Eric Shilling, Lacey Mangleburg und Kenneth Merritt –, die wenig später mit drei steigschnellen Jagdeinsitzern des Typs Curtiss CW-21 folgen sollten, die Chennault als Höhenjäger einzusetzen gedachte. Es sollte ein ereignisreicher Flug werden.

Die drei Piloten starteten mit ihren Curtiss CW-21 am frühen Morgen des 23. Dezember 1941. Aber noch bevor sie die rund 500 Kilometer nach Laschio zurückgelegt hatten, um für den gebirgigsten Teil der Gesamtstrekke nachzutanken, traten bei Shillings Motor Fehlzündungen auf. In Laschio entleerten die Piloten ihre Treibstofftanks und füllten sie mit höheroktanigem Sprit. Als sie nach dem Start über die kahlen Berge Chinas flogen, hatte Shillings Motor erneut Zündstörungen. Dabei war Shilling als einziger der drei Piloten schon einmal nach Kunming geflogen. Ihre behelfsmäßigen, hektographierten Fliegerkarten waren nur mit chinesischen Schriftzeichen versehen und zeigten kaum mehr als die großen Flüsse, die das Yünnan-Hochplateau durchziehen. Shilling war besorgt; er wußte nicht recht, ob die beiden anderen ohne seine Hilfe Kunming finden würden, falls er unterwegs notlanden mußte.

Irgendwo vor Kunming, wo keinerlei markante Geländepunkte in Sicht waren, versagte der Motor von Shillings CW-21 endgültig. Er suchte verzweifelt einen Notlandeplatz und entdeckte eine bewaldete ebene Fläche unmittelbar unter einem Berggipfel. Shilling raste mit über 150 Stundenkilometern in die Bäume, rasierte einige von ihnen ab und verlor dabei die Tragflächen und das Leitwerk. Er kletterte benommen aus dem Flugzeugwrack und lief den Steilhang hinunter. Als er dann stehenblieb, sah er Mangleburg über sich kreisen und seine Pistole abwerfen, bevor er weiterflog. Aber Shilling konnte die Waffe selbst nach halbstündiger Suche nicht finden. Es wurde rasch dunkel, und er wickelte sich in dem verformten Cockpit in seinen Fallschirm, um nicht zu erfrieren.

Am nächsten Morgen leckte er Tau von Blättern und Flugzeugtrümmern, um seinen Durst zu stillen, und beobachtete danach nervös eine bewaffnete Gruppe chinesischer Bauern, die sich ihm näherte. Einer der Männer rief ihn auf Chinesisch an, und Shilling antwortete auf Englisch – in einer den Einheimischen unbekannten Sprache. Da sie außerdem noch nie einen Ausländer gesehen hatten, hielten sie ihn für einen Japaner, für einen der Männer, die ihr Heimatland angriffen. Sie hielten Shilling zwei Tage lang gefangen, während sie seinen Abtransport nach Kunming vorbereiteten. Ihre Feindseligkeit legte sich erst, als er sein Aufziehgrammophon aus seinem Privatgepäck in der Maschine holte und ihnen die ersten Schallplatten ihres Lebens vorspielte. Einen Song wollten sie immer wieder hören, obwohl sie natürlich kein Wort davon verstanden. Er hieß passenderweise „High on a Windy Hill".

Am dritten Tag verpackten die Bauern Shillings Ausrüstung und seine MG-Munition in Stoffstreifen aus seinem Fallschirm und setzten den Piloten in eine aus Bambusstäben und Fallschirmleinen improvisierte Sänfte. So wurde er aus den Bergen bis zu einem Dorf getragen, in dem Shilling auf einen chinesischen Funker stieß, der zu Chennaults weitgespanntem Luftspäh- und Warndienst gehörte. Von dem Funker, der etwas Englisch sprach, erfuhr Shilling zu seinem Kummer, daß seine beiden Kameraden nur 18 Minuten Flugzeit von Kunming entfernt verunglückt waren. Mangleburg war dabei umgekommen, aber Merritt hatte überlebt.

Um eine Wiederholung von Shillings Schwierigkeiten mit nicht Englisch sprechenden Chinesen zu vermeiden, stellte die AVG einen Rückenaufnäher mit der nationalchinesischen Flagge her, auf dem in chinesischen Schriftzeichen erklärt wurde, wer der Pilot war, was er in China tat und daß für alle, die ihm halfen, eine Belohnung ausgesetzt war.

Als Shilling kurz nach Weihnachten in Kunming eintraf, hörte er, daß einige seiner Kameraden bereits im Einsatz gegen die Japaner gewesen waren. Die Stadt lag in einem 1800 Meter hohen Tal zwischen drei Seen. Chinesische Kulis, die eine zehn Tonnen schwere Straßenwalze gezogen hatten, hatten eine 2100 Meter lange, mit Schotter befestigte Start- und Landebahn angelegt. Dort befand sich nun das AVG-Oberkommando zur Verteidigung Chinas und der Burmastraße. Beide mußten dringend verteidigt werden. Nach dem Überfall auf Pearl Harbor hatten die Japaner die Philippinen angegriffen und waren nach Singapur vorgestoßen. Jetzt drangen sie von Thailand aus in den Süden Burmas ein und befanden sich auf dem Vormarsch nach dem strategisch wichtigen Rangun.

Am 20. Dezember 1941 hatte Chennaults *Jing-Bow*-Frühwarnsystem den Anflug feindlicher Maschinen aus Richtung Hanoi, das etwa 500 Kilometer südöstlich von Kunming liegt, gemeldet. Chennault veranlaßte einen Alarmstart seiner beiden Staffeln und ließ die meisten Panda Bears den Südosten absuchen, während die Adam-and-Eves und die restlichen Panda Bears sich als Nachhut und Reserve bereithielten.

Auf diesem für die American Volunteer Group in China von den Walt-Disney-Studios geschaffenen Emblem springt ein geflügelter Bengaltiger durch ein V (für Victory, Sieg). Nach dem ersten Luftkampf über Kunming nannten die Chinesen die AVG-Piloten Flying Tigers, und die amerikanische Presse machte diesen Namen weltbekannt.

Die Japaner hatten Kunming schon ein Jahr lang bombardiert, ohne auf Widerstand zu stoßen, und erwarteten auch diesmal keinen. Sie waren verblüfft, als sie 50 Kilometer südöstlich der Stadt auf Flugzeuge mit weit aufgerissenen Haifischrachen stießen. Die Amerikaner nutzten die hohe Sturzfluggeschwindigkeit ihrer P-40 aus und stürzten sich mit ratternden Maschinengewehren auf die zehn Mitsubishi-Bomber des zweimotorigen Typs Ki-21. Die Reservestaffel griff ebenfalls in den Luftkampf ein, so daß bald neun Bomber abgeschossen waren. Nur ein einziger konnte angeschlagen nach Hanoi zurückfliegen, wobei er von dem AVG-Piloten Edward F. Rector eifrig verfolgt wurde. In seiner Begeisterung jagte Rector den japanischen Bomber, bis seiner P-40 der Sprit ausging. Nach seiner Notlandung und Rettung mußte er erfahren, daß die AVG bei diesem Gefecht lediglich seine Maschine verloren hatte. Das war eine brillante Feuertaufe für die AVG gewesen, und die dankbaren Chinesen gaben den tapferen Amerikanern den Spitznamen „Fei Hou" (Fliegende Tiger).

Drei Tage nach dem Abwehrkampf der Flying Tigers über Kunming begann die Schlacht um Rangun mit einem schweren japanischen Luftangriff. Die AVG-Staffel Hell's Angels unter Führung von Arvid Olson startete vom Flugplatz Mingaladon bei Rangun, um sich einer Armada japanischer Bomber und Jäger entgegenzuwerfen. Die erste Welle bestand aus 18 zweimotorigen mittelschweren Nakajima-Bombern, denen 30 weitere Bomber und 20 wendige Begleitjäger, Nakajima Ki-27, folgten. Ihnen stellten sich 16 P-40 der AVG und 20 Buffalos der RAF entgegen. Es kam

Der aufgerissene Rachen eines angreifenden Hais mit messerscharfen Zähnen und bösem Blick verleiht dieser P-40 der amerikanischen Flying Tigers in Burma ein bedrohliches Aussehen. Die Piloten hofften, die Bemalung würde die angeblich abergläubischen Japaner erschrecken. Tatsächlich hob sie vor allem ihren eigenen Kampfgeist.

sofort zu erbitterten Luftkämpfen, als die über 100 Maschinen am wolkenlosen Tropenhimmel über dem hoch aufragenden goldenen Turm der Ranguner Schwe-Dagon-Pagode aufeinander zustürzten, abdrehten, hochzogen und trudelten.

Unter dem scheinbar sicheren Blätterdach von Feigenbäumen, auf Bungalow-Veranden, in Rosengärten und mit Drinks in den Händen auf der Promenade vor dem Strand-Hotel beobachteten Tausende von Zuschauern, wie die kleinen Maschinen über ihnen ein wirres Netz von Kondensstreifen webten. Der Motorenlärm der mit Vollgas in den Sturzflug gehenden Flugzeuge war ohrenbetäubend, und die Verluste beider Seiten ließen sich bald nicht mehr genau verfolgen. Die Flying Tigers hielten sich an Chennaults Vorschrift und griffen anfangs nur in Zweierteams an. Kenneth Jernstedt schoß mit dem ersten Feuerstoß seiner 12,7-mm-Maschinengewehre einen Bomber ab. Ein japanischer Heckschütze traf Henry Gilbert, der als erster Flying Tiger im Luftkampf fiel. Charles Older schoß zwei Bomber ab, aber als einer explodierte, traf die Druckwelle offenbar Neil Martins P-40, die außer Kontrolle geriet und trudelnd über dem schlammigen Fluß abstürzte. Zwei weitere AVG-Piloten, Edmund Overend und Robert Smith, erzielten Abschüsse; dann stürzten sich zwei Ki-27 auf Paul Greenes P-40, die in der Luft abzumontieren begann. Greene stieg mit dem Fallschirm aus und erlebte, wie die beiden japanischen Piloten ihn persönlich beschossen. Sein Fallschirm wurde von Kugeln durchlöchert, aber Greene landete trotzdem unverletzt.

Die Japaner brachen den Kampf ab, als ihr Treibstoff knapp wurde, flogen nach Bangkok zurück und hinterließen einen brennenden Ranguner Hafen, den die Bomben der ersten Welle getroffen hatten. Sechs

Der Pilot Arvid Olson (rechts vorn) unterhält sich im Jahre 1942 in Kunming mit Chennault. Auf Olsons Jacke befindet sich ein Stück Stoff mit einer Erklärung, die ihn als Verbündeten der Chinesen identifiziert. Sie rettete mehrere notgelandete AVG-Piloten vor mißtrauischen chinesischen Bauern, die noch nie einen Weißen gesehen hatten.

japanische Bomber und zehn Jäger waren abgeschossen worden, während RAF und AVG nur fünf Brewster Buffalos und vier P-40 verloren hatten.

Zwei Tage später, am ersten Weihnachtsfeiertag, kamen die Japaner wieder. Diesmal griffen 60 Bomber und 20 Begleitjäger in Wellen an. Staffelchef Olson war von drei AVG-Piloten, die als Aufklärer unterwegs waren, gewarnt worden, so daß diesmal 12 P-40 außerhalb von Rangun in der Luft waren, um sich auf die Angreifer zu stürzen. Unterstützt wurden sie dabei von 16 RAF-Buffalos. Es wurde Robert „Duke" Hedmans Erfolgstag. Der ruhige, zurückhaltende Pilot aus South Dakota tat sich mit Charley Older und Thomas Haywood zusammen, um den ersten Bomberverband zu sprengen; dabei schoß jeder von ihnen eine Maschine ab. Fünf weitere Bomber wurden vernichtet, als die anderen Flying Tigers in den Kampf eingriffen. Dann flog Hedman der zweiten Welle entgegen, aus der er einen Jäger Ki-27 und zwei Bomber herausschoß, bevor er gegen einen zweiten Jäger siegreich blieb. Er hatte bei einem einzigen Einsatz nicht weniger als fünf Luftsiege errungen; ein Söldnerpilot war das erste amerikanische As des Krieges in China geworden.

An jenem Tag wurden 30 Nakajima-Jäger und 15 der 60 Bomber abgeschossen – bei eigenen Verlusten von neun Buffalos und nur zwei P-40 der Flying Tigers. Bill Pawley von der Firma CAMCO, der die Luftschlacht wie Tausende von anderen Zuschauern verfolgt hatte, schickte den siegreichen Flying Tigers ein Festessen mit Schinken, Hähnchen, kaltem Bier und Scotch. Die Stimmung erreichte den Höhepunkt, als die beiden abgeschossenen AVG-Piloten gesund und munter zurückkehrten: Ed Overend war von Bauern gerettet worden, nachdem er in einen Sumpf gestürzt war, und George McMillan wurde auf einem Ochsenkarren in die

Die im Jahre 1938 von 200 000 Arbeitern mit primitivsten Mitteln fertiggestellte Burmastraße schlängelt sich durch eine wilde Bergwelt von Burma nach Kunming in China. Da die Japaner die chinesische Küste besetzt hielten, war diese fast 2000 Kilometer lange Straße der einzige Nachschubweg, über den China noch verfügte.

Außer dem charakteristischen Haifischrachen der Flying Tigers trägt diese P-40 das nationalchinesische Kennzeichen und das der 2. Jagdstaffel, der Panda Bears. Diese Maschine wurde von David Lee „Tex“ Hill geflogen, der jeden seiner 12 Luftsiege durch eine mit einer Schablone aufgemalte kleine japanische Flagge vermerkte.

Ein gefürchteter Gegner

Das Flugzeug Curtiss P-40, das durch die „Flying Tigers" berühmt wurde, galt bei vielen Fachleuten bereits als veraltet, bevor es im Jahre 1939 in die Produktion ging. Die auf der Grundlage einer schon Mitte der dreißiger Jahre vorgenommenen Ausschreibung konstruierte P-40 war das Produkt einer vergangenen Ära, in der Luftkämpfe in niedrigen Höhen die Regel waren und Jagdflugzeuge hauptsächlich über dem Schlachtfeld patrouillierten, statt in großer Höhe fliegende Bomber und ihre Begleitjäger anzugreifen. Deshalb war die Waffenausstattung der ersten P-40 unzulänglich, und die Maschine konnte in Höhen über 7500 Metern kaum eingesetzt werden.

Die Flying Tigers flogen eine etwas spätere Version, ein Exportmodell, das der Hersteller als Hawk 81 A-3 bezeichnete und das der P-40C der amerikanischen Heeresluftstreitkräfte entsprach. Das durch selbstdichtende Treibstofftanks und eine halbe Tonne zusätzliche Panzerung und Bewaffnung erhöhte Gewicht verringerte Wendigkeit und Steiggeschwindigkeit der Maschine, verlieh ihr aber hohe Sturzfluggeschwindigkeit, etwa 800 Stundenkilometer. „Nützt eure Geschwindigkeit und Sturzfähigkeit aus, um vorbeizufliegen, zu schießen und abzudrehen", wies General Claire Lee Chennault seine Piloten an. Die Taktik wurde so erfolgreich, daß die Flying Tigers 23mal mehr japanische Flugzeuge abschossen, als sie selbst verloren.

Trotz der veralteten Konstruktion wurde die P-40 in den ersten Kriegsjahren in großen Stückzahlen gebaut, bis die Produktion modernerer Jagdflugzeuge anlief. Insgesamt wurden fast 14 000 P-40 gebaut und von den Luftstreitkräften Englands, Kanadas, Australiens, Neuseelands, Ägyptens, Chinas, der Türkei, der Sowjetunion und der Vereinigten Staaten eingesetzt.

Nachbildungen der P-40, die von den echten auf dem Flugplatz verteilten Maschinen ablenken sollen, stehen auf dem Luftstützpunkt der Flying Tigers in Kunming kurz vor der Fertigstellung. Die aus Bambus und Papier gebauten Scheinflugzeuge wurden mit Reisstroh ausgestopft, damit sie überzeugender brannten, wenn sie von Leuchtspurgeschossen getroffen wurden.

Stadt zurückgebracht, da er sich bei seiner harten Fallschirmlandung den Knöchel verletzt hatte.

In Kunming beschloß Chennault, die Panda Bears nach Süden zu schicken, damit sie mithelfen konnten, Rangun zu verteidigen. Greg Boyington blieb mit der Adam-and-Eve-Staffel in Kunming zurück, sehnte sich nach einem Kampf und mußte untätig bleiben, weil die Japaner nach ihrer vernichtenden Niederlage am 20. Dezember beschlossen hatten, Kunming nicht sofort wieder anzugreifen. Bei Rangun lagen die Dinge anders. Japanische Heeresverbände hatten die zurückgehenden englischen Kräfte am Sittang vernichtet und stießen jetzt nach Rangun vor, so daß die Stadt jeden Tag aus der Luft angegriffen wurde. Die Schlacht um Rangun dauerte volle 75 Tage, stellte außerordentliche Anforderungen an die zur Verteidigung aufgebotenen, zahlenmäßig schwachen Luftstreitkräfte und verschaffte Boyington schließlich die Chance, auf die er gewartet hatte: Chennault verlegte die Adam-and-Eve-Staffel nach Rangun, damit die Panda Bears zur Auffrischung nach Kunming zurückkehren konnten. Am 26. Januar 1942 warfen die größtenteils noch unerfahrenen Piloten der Adam-and-Eve-Staffel sich nach einem Alarmstart um 10 Uhr etwa 50 angreifenden japanischen Jägern des Typs Ki-27 entgegen. Aber der Gegner hatte inzwischen eine besondere Taktik für den Kampf mit der unverschämten AVG entwickelt.

Die Flying Tigers hatten sich bisher auf die überlegene Sturzfluggeschwindigkeit der P-40 verlassen, zu der noch ein gepanzertes Cockpit und ein selbstdichtender Treibstofftank kamen, durch die Mann und Maschine die meisten Treffer überstehen konnten. Die hohe Sturzfluggeschwindigkeit gab den AVG-Piloten die Möglichkeit, auf feindliche Flugzeuge herabzustoßen, einzelne Maschinen aus dem Verband zu drängen und sie in wilder Verfolgungsjagd einzuholen.

Diese unorthodoxe Luftkampftaktik verwirrte die Japaner anfangs erheblich. Trotz der größeren Wendigkeit ihrer Jagdflugzeuge waren sie für die aggressiven Flying Tigers eine leichte Beute geworden. Das sollte sich ändern. Die neue japanische Taktik sah vor, daß die Piloten ihren Verband auflösten, wenn sich die Angreifer auf sie herabstürzten, so daß die P-40 an ihnen vorbeirasten, ohne Abschüsse zu erzielen. Wenn die AVG-Piloten sich dann wieder im Steigflug befanden, legten die japanischen Jagdflieger ihre Maschinen auf den Rücken, flogen eine enge halbe S-Kurve und fielen über die Amerikaner her.

Boyingtons Kette, zu der auch der älteste AVG-Pilot, der 43jährige Louis Hoffman, gehörte, geriet in diese Falle, als sie bei dunstigem Wetter den japanischen Jagdflugzeugen entgegenstieg. Boyington war sich über ihre mißliche Lage im klaren, und seine Befürchtungen bewahrheiteten sich, als er sah, wie die feindlichen Maschinen langsam halbe S-Kurven flogen und ihm aus überhöhter Position Rauch- und Leuchtspurmunition entgegenspuckten. Wie Boyington sich später erinnerte, wirkte Hoffmans P-40 „wie ein Fisch, der sich außerhalb des Wassers im Todeskampf windet". Dann stürzte sie trudelnd ab.

Als Boyington zwei japanische Maschinen angriff, sah er eine davon einen Looping nach oben fliegen, durch den sie aus allen Rohren feuernd hinter ihn gelangte. Bisher war es ihm stets gelungen, die anderen Piloten bei simulierten Luftkämpfen dieser Art auszumanövrieren, aber diesmal befand er sich in einer weit schwierigeren Lage. Boyington drehte und wand sich im Laufe einer ganzen Reihe verzweifelter Ausweichbewegungen, ohne seinen Verfolger abschütteln zu können. Er verließ sich zuletzt auf die überlegene Sturzfluggeschwindigkeit der P-40, löste sich von seinem Gegner, bevor er getroffen wurde, und schoß im Sturzflug davon.

Den nächsten Angriff begann Boyington nach langem Anflug mit 300 Meter Überhöhung. Aber als seine Leuchtspurgeschosse die Ki-27 gerade eindeckten, flog die gegnerische Maschine eine steile Wende, so daß er erneut vom Jäger zum Gejagten wurde.

Auch diesmal mußte Boyington sich durch einen Sturzflug in Sicherheit bringen. Danach landete er in Mingaladon und rollte zum Vorfeld. Sein Staffelkamerad Robert Prescott, der geglaubt hatte, Boyington sei abgeschossen worden, sprang auf die Tragfläche seiner Maschine, um ihn zu begrüßen. Boyington schob das Kabinendach zurück und murmelte: „Kein toller Erfolg, was, Partner?"

In Zukunft würden die Flying Tigers um jeden Sieg hart kämpfen müssen. Und das taten sie. Sie lernten, daß es zwecklos war, einen geschlossenen japanischen Verband ausmanövrieren zu wollen. Statt dessen versuchten sie, ihn zu sprengen, um die feindlichen Maschinen einzeln angreifen zu können. Das war ein tödliches Spiel, das die AVG-Piloten im allgemeinen aber gewannen. Bei Boyingtons zweitem Luftkampf schossen die Flying Tigers 16 japanische Flugzeuge ab. Boyington erzielte zwei Abschüsse und legte damit den Grundstein zu weiteren Erfolgen, bis zum Frühjahr sechs Abschüsse. Die Flying Tigers griffen mit einer Aggressivität an, von der die Japaner oft geradezu überrascht zu sein schienen. Die AVG war von Natur aus eine spontane und unkonventionelle Truppe, und ihr unorthodoxer Flug- und Kampfstil führte zu Situationen, auf die der Gegner sich nicht vorbereiten konnte.

Die ähnlich unorthodoxe Art der Freizeitgestaltung hatte unmittelbar nach der Ankunft der Freiwilligen in Rangun zu Schwierigkeiten geführt. Die geruhsame englische Kolonialgesellschaft war über die lärmenden amerikanischen Söldnerpiloten entsetzt, die Trinkgelage im Silver Grill veranstalteten, in Khakishorts und mit zierlichen jungen Burmesinnen an ihrer Seite durch die Stadt schlenderten und dabei immer wieder einen Schluck Bourbon oder warmes Bier tranken. Aber im Laufe der Schlacht um Rangun verwandelte sich die anfängliche Feindseligkeit in dankbare Toleranz und schließlich in rückhaltlose Begeisterung für die amerikanischen Rauhbeine. Der englische Premierminister Winston Churchill, der in London die Flying Tigers und die gemeinsam mit ihnen kämpfenden RAF-Piloten lobte, stellte fest: „Die großartigen Siege, die sie über den Reisfeldern Burmas errungen haben, sind wahrscheinlich dem Wesen, wenn auch nicht dem Umfang nach mit jenen zu vergleichen, die in der Luftschlacht um England über den Obstgärten und Hopfenfeldern von Kent errungen worden sind."

Solche Siege allein genügten nicht, um die Schlacht um Rangun zu gewinnen. Die AVG führte einen energischen Abwehrkampf in der Luft, aber Rangun sollte von zahlenmäßig weit überlegenen japanischen Heeresverbänden erobert werden. In den letzten Februartagen des Jahres 1942 standen starke feindliche Kräfte zum Sturm auf die Stadt bereit.

Als Rangun fiel, wurden die Flying Tigers nach Magwe im Norden Burmas verlegt sowie im chinesischen Loiwing und Kunming stationiert. Sie erhielten den Auftrag, japanische Angriffe auf die Burmastraße und den Westen Chinas abzuwehren.

Es war eine beherzte, wenn auch gelegentlich improvisierte Verteidigung. Eines Nachts schmiedeten einige AVG-Piloten einen kühnen Plan für einen Gegenangriff. Seitdem die Vereinigten Staaten ebenfalls Krieg gegen Japan führten, tauchten Flugzeuge der Heeresluftstreitkräfte – wie die ehemalige Heeresfliegertruppe ab März 1942 hieß – in Asien auf, und in Kunming war ein Transportflugzeug des Typs C-47 gelandet. Seine beiden Piloten saßen an der „Wasserstelle" der Flying Tigers – der Bar in der AVG-Herberge Nr. 1. Je mehr alle tranken, desto stärker wurde das Gefühl, die Japaner in Hanoi verdienten, auch einmal bombardiert zu werden. Dazu wurde lediglich ein geeignetes Flugzeug benötigt. Was konnte passender sein als die Verwandlung einer Transportmaschine in einen Bomber, nachdem einige amerikanische Generäle mit Bombern, statt mit Transportern in Asien unterwegs waren? Die in Kunming stehende C-47 beispielsweise würde sich hervorragend eignen.

Ein Abkommen wurde geschlossen, und die Heeresflieger- und AVG-Piloten organisierten sich in der nächsten Nacht zehn 45-kg-Bomben aus dem Bombenlager des Flugplatzes und luden sie in die C-47. Niemand schien darauf zu achten, daß die C-47 nach Mitternacht die Startbahn hinunterrumpelte; jedenfalls protestierte niemand. Als die Maschine Hanoi erreichte, kreiste der Pilot über einer ahnungslosen Stadt. Die AVG-Angehörigen warfen die gesamte Bombenladung per Hand ab. Dann brummte das Flugzeug nach Kunming zurück. Es hieß, zu den Todesopfern auf japanischer Seite habe ein General gehört, den man aus seinem Hotelbett „gebombt" habe.

Solch schneidiger Unfug erfüllte zumindest einen militärischen Zweck, was man von Boyingtons Streichen nicht immer behaupten konnte. Kurz nach dem Rückzug der Flying Tigers aus Rangun geriet Boyington schließlich mit Chennault aneinander, als Generalissimus Tschiang Kaischek und Madame Tschiang den Luftstützpunkt Kunming besuchten. Auf

Der Pilot Gregory Boyington (links außen) beobachtet, wie Männer des Bodenpersonals das Wrack einer japanischen Maschine beseitigen, deren Pilot sich im Jahre 1942 auf einen AVG-Flugplatz in Burma gestürzt hatte. Der feindliche Flieger, berichtete Boyington, „verübte Harakiri, ohne den abgestellten Flugzeugen auch nur einen Kratzer beibringen zu können".

einem Bankett für die AVG lobten die Tschiangs die amerikanischen Freiwilligen, die angestrengt nüchtern blieben. Aber als die Ehrengäste sich anschickten, ihre DC-2 zu besteigen, um in die vorläufige Hauptstadt Tschungking zurückzukehren, ließ Chennault seine Piloten zu einem Vorbeiflug zu Ehren Tschiangs starten. Daraufhin stießen sieben Flying Tigers – darunter auch Boyington – vom Himmel herab, fegten im Rückenflug in wenigen Metern Höhe über die abgestellte DC-2 hinweg und erreichten, daß Chennault, Tschiang Kai-schek und Madame Tschiang sich zu Boden warfen, was einen beträchtlichen Gesichtsverlust bedeutete. Boyington gab später zu, daß die Piloten wohl ein bißchen übertrieben hätten. Aber dieser Vorfall war erst der Anfang.

Boyington und seine Kameraden gaben der DC-2 auf dem Weg nach Tschungking Begleitschutz. Kurz vor der Stadt hatten die P-40 wegen des Gegenwindes kaum noch Sprit, und Boyington meinte, daß es wichtiger

Kriegsmüde Flieger auf einer Vergnügungsreise

Als der Flying Tiger Robert T. Smith die Mitteilung erhalten hatte, machte er eine entsprechend markige Tagebucheintragung: „Verdammt noch mal!" Er und fünf weitere Piloten der American Volunteer Group (AVG) sollten nach Akkra in Westafrika reisen, um sechs neue P-40 abzuholen und nach China zu überführen. Für die jungen amerikanischen Abenteurer würde das ein Urlaub vom Krieg und eine Traumreise sein. „Wir haben alles gepackt und können's kaum noch erwarten", schrieb Smith.

Sie brachen am 16. Februar 1942 auf und flogen mit, wo sich ihnen die Gelegenheit dazu bot. Unterwegs kauften sie Andenken, die von Pythonhäuten bis zu Elfenbeinschnitzereien reichten, und erforschten das Nachtleben in Kalkutta, Karatschi und Kairo, wie Smith in seinem Tagebuch notierte.

Schließlich erreichten sie die amerikanische Leitstelle des Überführungskommandos in Akkra, wo die neuen Flugzeuge bereitstanden, und starteten – allzu früh – zum Rückflug nach China. Unterwegs sahen sie weitere Nachtklubs und amerikanische Filme, und in Kairo fuhr Smith mit einem Auto, das von „einem gutaussehenden englischen Mädel" gefahren wurde. Aber Sandstürme, Motorpannen, Überanstrengung und die bevorstehende Rückkehr in den Krieg raubten ihnen allmählich die Freude am Vergnügen. Am 22. März trafen sie schließlich in der chinesischen Stadt Kunming ein. Nur zwei Tage später fiel Jack Newkirk, einer der beliebtesten AVG-Piloten, im Luftkampf. „Solche Meldungen sind ziemlich schwer zu verkraften", schrieb Smith resigniert, „aber wir gewöhnen uns alle mehr oder weniger daran und rechnen mittlerweile damit."

Robert Smith (rechts) und zwei seiner Kameraden posieren im Sudan mit einer zahmen Giraffe.

Zwei Curtiss-Jagdflugzeuge des Typs P-40E mit dem fünfzackigen Stern der amerikanischen Heeresfliegertruppe überqueren auf dem Weg nach China den Nahen Osten. Mit Zusatztanks konnten die Maschinen statt drei Stunden vier in der Luft bleiben und 1000 Kilometer bewältigen.

sei, einen geeigneten Notlandeplatz zu finden. Als die Tanks fast leer waren, entschieden sie sich schließlich für einen chinesischen Friedhof, dem einzigen ebenen Gelände weit und breit. Dort landeten sie nacheinander – mit eingezogenem Fahrwerk, weil der Friedhof für normale Landungen nicht lang genug gewesen wäre – und benachrichtigten das Hauptquartier über Funk. Man antwortete ihnen, sie brauchten sich keine Mühe zu geben zurückzukehren.

Sie fuhren trotzdem zurück, indem sie sich von einem chinesischen Lastwagenfahrer mitnehmen ließen. Dann zeigte Boyington tätige Reue: Er holte einige Mechaniker zusammen und machte sich mit ihnen an die Bergung der auf dem Friedhof notgelandeten Maschinen, von denen vier nur leicht beschädigt waren. Nachdem die Flugzeugmechaniker den Propeller und die Tragflächen einer P-40 repariert hatten, schaffte Boyington es, mit ihr zu starten. Er kehrte zum Friedhof zurück, erhielt dann aber den Befehl, die gefährlichen Bergungsaktionen einzustellen.

Im Frühjahr 1942 waren die Flying Tigers müde und niedergeschlagen. Das lag vor allem daran, daß die wachsende amerikanische Militärpräsenz in China und Burma ihnen nicht den erwarteten Zufluß an Nachschub und Fluggerät gebracht hatte. Und das ganze Wesen der AVG veränderte sich. Tatsächlich war Generalleutnant Joseph W. Stilwell, der ranghöchste amerikanische Offizier auf diesem Kriegsschauplatz, Anfang März in Kunming gewesen, und Chennault hatte sich bereit erklärt, seine Freiwilligentruppe allmählich in die Heeresluftstreitkräfte zu überführen. Und als reguläre Offiziere der Luftstreitkräfte eintrafen, um die Führung des Luftkrieges in China zu übernehmen, verringerte sich die ursprüngliche Unabhängigkeit der AVG allmählich. Der wilde Übermut, der die Flying Tigers angetrieben hatte, wurde systematisch eingedämmt.

Boyington war der vermutlich deutlichste Fall. Bei einem Alarmstart in Loiwing zur Abwehr japanischer Flugzeuge versagte sein Motor, und als er unmittelbar hinter dem Flugplatz notlandete, verletzte er sich beide Knie. Boyington gefiel es in China nicht sonderlich, und er hatte keine Lust, dort im Luftkampf zu fallen. Also beschloß er weiterzuziehen, bevor die AVG in den Heeresluftstreitkräften aufging. Mit sechs Luftsiegen erklärte Boyington sein Ausscheiden aus der AVG und kehrte nach Amerika zurück. Dort trat er wieder in das Marinekorps ein und führte später im Südpazifik dessen sogenannte Schwarze-Schafe-Staffel, deren jüngere Piloten ihn „Papi“ nannten. Er verblüffte seine Kritiker, indem er sich die amerikanische Ehrenmedaille erkämpfte.

Selbst in einer Gruppe so farbiger Gestalten wie der Flying Tigers war Boyington keineswegs typisch. Aber sein Ausscheiden machte auf die Misere aufmerksam, die sich innerhalb der AVG entwickelte. Als die militärische Führungsweise sich immer drückender bemerkbar machte, begehrten die überbeanspruchten Flying Tigers gegen einige Aufträge auf. Zuerst verlangte Generalissimus Tschiang von ihnen die Erdkampfunterstützung chinesischer Truppen, obwohl ihre P-40 dabei durch Überraschungsangriffe japanischer Jagdflugzeuge gefährdet waren, die aus der Sonne heraus unbemerkt auf sie herabstoßen konnten. Dann schickte Stilwell sie auf ähnlich gefährliche Aufklärungsflüge in niedriger Höhe. Chennault, der als Brigadegeneral in die Heeresluftstreitkräfte übernommen worden war, obwohl seine Männer zivile Söldnerpiloten blieben, war zu Gehorsam verpflichtet. Als die Flying Tigers schließlich den Befehl erhielten, Begleitschutz für eine Kette schwerfälliger, niedrig fliegender Blenheim-Bomber der RAF zu fliegen, rebellierten sie.

Ihr Protest war nicht ganz eine Meuterei, aber er kam ihr nahe. In Loiwing lief bei den Piloten eine Resolution mit der Bitte um, mit ihrer

Unterschrift zu zeigen, daß sie sich einer Massenkündigung anschlössen, falls die Einsätze zur Erdkampfunterstützung nicht eingestellt würden. Von 34 Piloten unterschrieben 28. Einer, der schlaksige Tex Hill, erinnerte seine Kameraden nachdrücklich daran, daß die Vereinigten Staaten sich im Krieg mit Japan befanden und sie ihr Land nicht im Stich lassen sollten.

Der Protest verlief im Sande, aber er war symptomatisch. In einem kurzen, aber entscheidend wichtigen Zeitraum war die AVG die einzige im Fernen Osten kämpfende amerikanische Einheit gewesen, die Luftsiege gegen Japaner errang. Die Flying Tigers hatten ungewöhnlich viel Freiheit und Selbständigkeit genossen, aber sie hatten sich dafür auf höchst wertvolle Weise revanchiert – durch Erfolge, die von großem Mut und ungewöhnlichen Fähigkeiten zeugten. Jetzt riefen zahlenmäßige Unterlegenheit, unmögliche Aufträge und unzulängliche Ausrüstung sowie die Bändigungsversuche der Luftstreitkräfte zuerst Ressentiments und dann Trotzreaktionen hervor. Schließlich wurde bekanntgegeben, die gesamte AVG solle am 4. Juli 1942 ihre zivile Rolle aufgeben und in die Heeresluftstreitkräfte übernommen werden.

Für die meisten Flying Tigers – von denen viele ohnehin gehofft hatten, als Piloten der Marine oder des Marinekorps zurückkehren zu können – war das unannehmbar. Sie wurden nicht erst gefragt, sondern erhielten einen Befehl – was sie an eben die Bürokratie, die Vorschriften und die formelle Disziplin erinnerte, die sie hinter sich gelassen hatten, als sie sich zur AVG gemeldet hatten. Ihnen erschien die Mischung aus völliger Freiheit und tödlicher Gefahr in der AVG sehr viel erstrebenswerter. Und ein General der Heeresluftstreitkräfte, der sie ungeschickterweise drängte, ihre Übernahme einfach hinzunehmen, machte alles nur noch schlimmer.

Brigadegeneral Clayton Bissell gehörte seit den frühen dreißiger Jahren, in denen Chennault sich wegen seiner radikal neuen Luftkampftaktik mit seinen Vorgesetzten in der Fliegertruppe angelegt hatte, zu Chennaults Widersachern. Jetzt war er in China aufgetaucht, um Chennault auch dort zuzusetzen. Tschiang hatte erwartet, daß Chennault zum Kommandeur der amerikanischen Luftstreitkräfte in China ernannt werden würde. Aber Washington ernannte Bissell. Obwohl Chennault zum Brigadegeneral befördert worden war, war Bissell um einen entscheidenden Tag dienstälter. Die Chennault bedingungslos treu ergebenen Flying Tigers ärgerten sich über das Auftauchen eines neuen Kommandeurs. Als Bissell erfuhr, daß die AVG-Piloten sich weigerten, in die Luftstreitkräfte einzutreten, wies er Chennault an, sie zusammenzurufen, damit der Konflikt entschieden würde. Die Flying Tigers hörten sich alle Argumente an und gaben dann nacheinander die gleiche Antwort: „Nein!“

„Wenn Sie nicht unterschreiben, werden Sie trotzdem eingezogen – notfalls als Gefreite!“ antwortete Bissell grob.

Nach der Versammlung drängte Chennault, der sich Bissells Vortrag schweigend und ohne eine Miene zu verziehen angehört hatte, seine Flieger dazu, zu bleiben. Als sie weiterhin protestierten, erklärte er ihnen: „Ich kenne alle Schwierigkeiten, die wir haben werden, und noch andere dazu. Aber das zählt nicht. Es kommt nur darauf an, die Japaner ganz aus China zu vertreiben und diesen Krieg zu gewinnen. Das ist unsere Aufgabe, das ist unsere heilige Pflicht.“

Chennault merkte, daß alle Überredungsversuche vergeblich waren. Die meisten der kriegsmüden, urlaubsreifen und hartnäckig gegen eine Unterstellung unter Bissells Oberbefehl kämpfenden Piloten entschieden sich für eine Kündigung; nur fünf von ihnen machten weiter. Am 4. Juli 1942 hörte die AVG, wahrscheinlich die beste jemals aus Söldnerpiloten zusammengestellte Einheit, zu bestehen auf.

Claire Chennault (links) besucht im Jahre 1942 in Kunming den Generalissimus Tschiang Kai-schek und Madame Tschiang. Er hatte ein herzliches Verhältnis zu Tschiang, aber er gab zu, von Madame Tschiang „völlig verzaubert“ zu sein: „Für mich wird sie stets eine Prinzessin sein“, schrieb er.

Übermütiger Trubel nach Dienstschluß

General Claire Chennault gab selbst zu, daß der burmesische Flugplatz bei Toungu, auf dem er seine Flying Tigers ausbildete, ein „pestilenzialisches“ Loch sei. „Massen verfaulender Vegetation erfüllten die Luft mit Übelkeit erregendem Gestank“, schrieb er später, während „die stechenden Insekten ganz Burmas“ die Unterkünfte heimsuchten. Als der Pilot Gregory Boyington von einem Skorpion gestochen wurde, bildete sich auf seinem Rücken eine Beule „von der Größe einer Melone“. Und Skorpione waren noch nicht die größte der Gefahren. Gelegentlich schlängelten sich hochgiftige Kobras in die Unterkünfte.

Trotz der deprimierenden Lebensbedingungen blieben Chennaults wilde Söldnerpiloten nicht lange gedrückter Stimmung. Zu ihren Vergnügungen gehörten Softballspiele, Radausflüge durch den Dschungel zu Teakholz- und Gummiplantagen und Marathon-Poker. Weniger geruhsam waren Radrennen, auf denen es in einem wirren Pulk einen steilen Hügel in der Nähe des Flugplatzes hinunterging. Zehn oder mehr Piloten rasten mit voller Geschwindigkeit den steinigen, von Rinnen durchzogenen Weg hinab, riskierten ihren Hals und demolierten ihre Fahrräder, um den ausgesetzten Geldpreis zu gewinnen, zu dem jeder Teilnehmer einen Dollar beigesteuert hatte.

Diese schlichten Vergnügungen verloren jedoch bald ihren Reiz, und die meisten Flying Tigers flüchteten aus dem Schmutz von Toungu nach Rangun, wenn Chennault ihnen am Wochenende Urlaub gab. Dort besetzten die Piloten den Nachtklub Silver Grill. Nachdem sie ihren Durst gelöscht hatten, machten sie sich daran, die Gefühle der Burmesen und ihrer britischen Kolonialherren zu verletzen, indem sie burmesischen Passantinnen im Vorbeigehen die Sarongs vom Leib zogen, auf Wasserbüffeln durch die Straßen von Rangun ritten, dazu nach Texanerart „Jiihooo!“ schrien und mit Cowboystiefeln durch die Schwe-Dagon-Pagode, ein burmesisches Heiligtum, stapften, das nicht mit Schuhen betreten werden durfte. Als der Besitzer des Silver Grills seine amerikanischen Gäste einmal dadurch verärgerte, daß er früher schließen wollte, zogen sie ihre Pistolen und schossen die Kronleuchter von der Decke.

Als die Flying Tigers nach Kunming in China verlegt wurden, besserten ihre Lebensbedingungen sich kaum. In der 1800 Meter hoch gelegenen Stadt war es so kalt, wie es im burmesischen Dschungel heiß gewesen war, und die Verpflegung war so schlecht, daß sämtliche Piloten unter Ruhranfällen oder akuter Diarrhö litten. In Kunming vertrieben die schneidigen Flieger sich ihre dienstfreie Zeit, indem sie Rikschafahrten unternahmen, mit einem zahmen Leoparden spielten, den einer der Mechaniker aus Burma mitgebracht hatte, mit Pistolen Schießübungen auf Zielscheiben an den Wänden ihrer Unterkünfte machten und – in Augenblicken des Edelmuts – den einheimischen Chinesen, die durch den Krieg noch mehr verarmt waren, zu helfen versuchten.

Bei einem Sonntagsausflug läßt sich der Pilot Charles Mott auf einer burmesischen Gummiplantage mit einem Elefanten photographieren. „Ich stieg auf und ritt auf ihm“, schrieb Mott in sein Tagebuch. Er fühlte sich dabei „glücklich wie ein kleiner Junge“. Mott wurde abgeschossen und gefangengenommen, überlebte aber den Krieg.

Drei Flying Tigers posieren in der burmesischen Hauptstadt Rangun für ein Erinnerungsphoto vor dem Eingang des Silver Grills, einem Nachtklub, der das Stammlokal der AVG-Piloten wurde. Rangun lag etwa 270 Kilometer südlich der unerträglichen Ausbildungsstätte Toungu.

Die Piloten Noel Bacon, Edgar Goyette, Tex Hill und Allen Christman (von links nach rechts) machen auf einer unbefestigten Straße Pause, wo sie an dienstfreien Tagen – zur Erholung von ihren über 550 Stundenkilometer schnellen Kampfflugzeugen – Radrennen veranstalteten.

Der Kettenführer John Rossi putzt seine Stiefel, während er auf der Motorhaube eines Jeeps sitzt, der die Initialen der American Volunteer Group trägt, wie die Flying Tigers offiziell hießen.

Bei einem der Biergelage, der einzigen Abwechslung von der Monotonie in Toungu, nimmt Robert Prescott mit den Piloten William McGarry und John Dean einen kräftigen Schluck.

Auf einem Flugplatz bei Rangun teilen Piloten und Flugzeugwarte sich zwischen japanischen Angriffen auf die Stadt einen Corned-beef-Imbiß. Das Zelt im Hintergrund diente als Bereitschaftsraum.

In einer strohgedeckten Unterkunft von Toungu hängen Moskitonetze über den Feldbetten, um lästige Insekten abzuhalten. Scheiben und Fliegengitter fehlten.

Auf dem Flugplatz Kunming hält der Kettenführer Eric Shilling ein Chinesenbaby auf dem Arm, während die Mutter lachend zusieht. Der von chinesischen Arbeitern erbaute Flugplatz wurde vor allem von alliierten Frachtflugzeugen angeflogen, die Nachschub aus Indien brachten.

Drei dienstfreie Piloten – (von vorn) James Cross, Eric Shilling und John Farrell – lassen sich im Juni 1942 in Rikschas durch die Altstadt von Kunming fahren. Japanische Truppen erreichten diese Bastion im Inneren Chinas niemals.

Drei Flying Tigers rauchen und lesen auf dem Flugplatz von Kunming in einem Schuppen, der als Bereitschaftsraum für Piloten diente, die Alarmbereitschaft hatten. Solange die AVG Kunming verteidigte, wurde die Stadt nur ein einziges Mal von japanischen Bombern angegriffen.

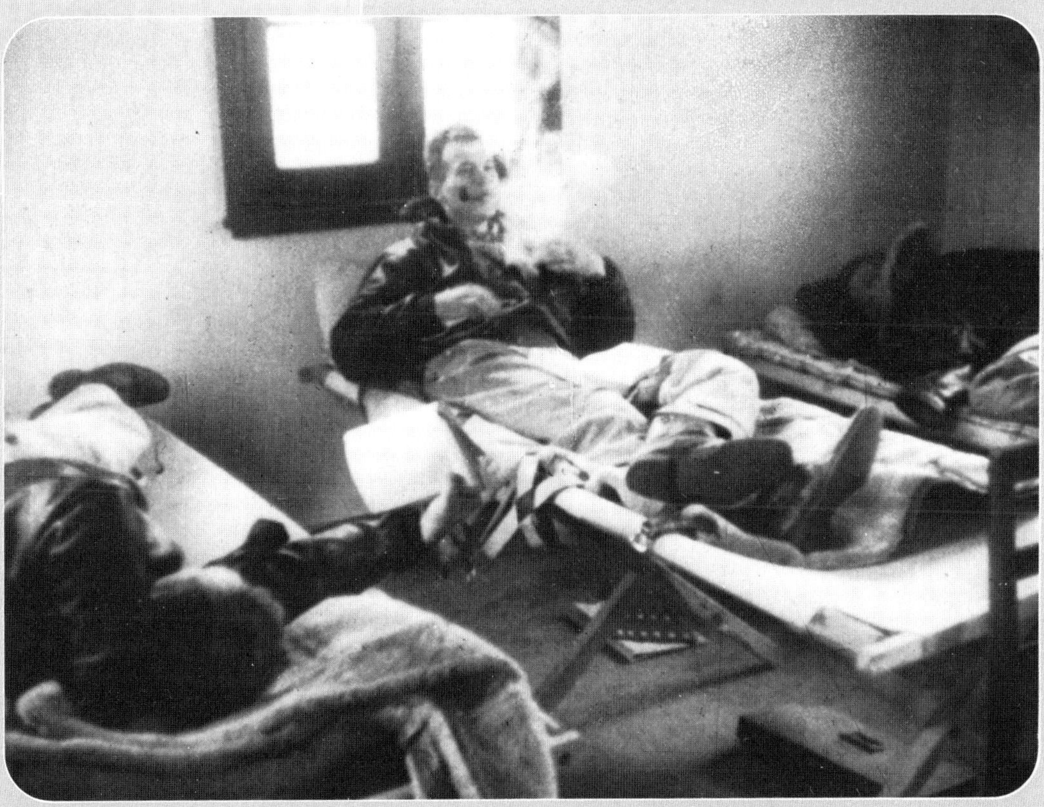

4

Ein schwedischer Aristokrat im Dienste der Humanität

Im Winter 1920 zitterte ganz Stockholm vor Kälte. Es schneite tagelang, während ein Sturm die Schneeverwehungen wachsen ließ, Straßen unpassierbar wurden und der Zugverkehr in ganz Schweden fast zum Erliegen kam. Trotzdem war Graf Eric von Rosen entschlossen, irgendwie nach Rockelstad – sein 100 Kilometer südlich von Stockholm in der Provinz Sörmland an einem See gelegenes Schloß aus dem 17. Jahrhundert – zu gelangen. Unter den Schneesturmbedingungen brauchte man schon viel Mut, um einen Flug zu wagen. Aber genau das hatte der Graf vor. In Stockholm hatte er einen unerschrockenen jungen deutschen Piloten und Flugakrobaten, einen schneidigen Abenteurer, gefunden, der sofort mit seinem mit Schneekufen ausgerüsteten Eindecker starten würde. Da der Deutsche zu den Jagdflieger-Assen des Ersten Weltkrieges gehörte, konnte man davon ausgehen, daß – wenn überhaupt jemand – er Rockelstad erreichen würde.

Graf von Rosen, ein berühmter Forschungsreisender und Ethnograph, war nicht der Mann, der sich von einem bloßen Schneesturm aufhalten ließ. Im Jahre 1911 hatte er ganz Afrika von Kapstadt bis Kairo durchwandert – ein Marsch, der damals zu Recht ehrfürchtig als „der längste Spaziergang der Welt“ bezeichnet wurde. Schon früher hatte er eine Expedition nach Südamerika geleitet und ein Buch über die Inkas geschrieben, das in ganz Lateinamerika ein Standardwerk wurde.

Dieser vielseitig interessierte Mann stammte aus einer Familie aristokratischer Abenteurer, die – ursprünglich in Böhmen beheimatet – an den Kreuzzügen teilgenommen und sich dann als Ritter an der vom Wind gepeitschten felsigen Ostseeküste Schwedens niedergelassen hatten. Einer seiner Ahnen war als hoher Offizier und persönlicher Freund des großen Schwedenkönigs Karl XII. zu Ruhm gelangt; ein anderer hatte in den zwanziger Jahren des 19. Jahrhunderts für die griechische Unabhängigkeit gekämpft. Aus anderen Generationen waren führende Künstler und Ballerinen hervorgegangen.

Mit den beiden dick vermummten und gegen den schneidenden Fahrtwind durch Fliegerbrillen geschützten Männern an Bord nahm die Maschine unter einer tiefen, bleiernen Wolkendecke bei rasch abnehmendem Tageslicht Kurs nach Süden. Dabei folgte der über die Instrumente gebeugte Pilot einer zugeschneiten Bahnstrecke, die durch die weglosen schwedischen Wälder führte. Als die frühe Winterdämmerung herabsank, kamen die steinernen Zinnen von Rockelstad in Sicht. Der Deutsche legte

Der rätselhafte Graf Carl Gustav von Rosen – ein schwedischer Aristokrat, der insofern Söldnergeschichte machte, als er nur aus humanitären Gründen flog – sucht im Jahre 1969 den Himmel aus dem Cockpit eines Kleinflugzeugs ab. Wie Freunde erklärten, motivierten ihn seine Vorliebe für die Gefahr und „die Gelegenheit, da Hilfe zu leisten, wo sie dringend benötigt wird“.

das Flugzeug in eine Kurve und landete auf dem zugefrorenen See, wo die Schneekufen seiner Maschine beim Aufsetzen lange Pulverschneefahnen hinter sich herzogen. Der Graf stolperte ins Schloß, streifte seine Stiefel vor einem Kaminfeuer ab, rief nach einem steifen Grog und bestand darauf, daß sein Pilot ihm bei einem guten Abendessen Gesellschaft leiste.

Während der deutsche Pilot am Kaminfeuer darauf wartete, daß die übrigen Gäste sich im großen Speisesaal versammelten, sah er eine strahlend schöne junge Frau die Treppe herunterkommen. Es war Karin von Kantzow, Graf von Rosens Schwägerin. Der Pilot war so von ihrer Schönheit gefesselt, daß er die übrigen Familienmitglieder, darunter auch den 11jährigen Sohn des Grafen, kaum wahrnahm. Getreu der Tradition romantischer Helden in deutschen Sagen sollte der junge Flieger eines Tages die schwedische Schönheit heimführen und sein eigenes Schloß in Deutschland nach ihr benennen. Er würde es Karinhall nennen. Dieser Pilot war Hermann Wilhelm Göring, der spätere Reichsmarschall und Oberbefehlshaber der Luftwaffe des Dritten Reiches.

Der kleine Junge, den Göring an jenem Abend in Rockelstad kaum wahrgenommen hatte, sollte den Titel seines Vaters erben und als Graf Gustav von Rosen weltweit berühmt werden. Und seine Berühmtheit als Flieger sollte auf einer so neuartigen und verblüffenden Leistung beruhen, daß sie sich in den Annalen des Luftkrieges mit keinem anderen Erfolg vergleichen ließe. Im Gegensatz zu Göring – dem er im vom Krieg geschüttelten Europa nochmals begegnen würde – wandte Carl Gustav von Rosen sich vom anspruchsvollen Lebensstil der Aristokraten ab und wurde ein fliegender Abenteurer und Söldnerpilot, aber eines höchst seltenen und altruistischen Typs.

Er flog für die Unterdrückten, stieß bei gefährlichen Rettungseinsätzen bis in den afrikanischen Dschungel vor und transportierte dringend benötigte Nahrungsmittel in abgelegene, von Hungersnöten heimgesuchte Gebiete. In den alptraumhaften Umwälzungen des nachkolonialen Afrikas, in einer düsteren Welt schäbiger und opportunistischer Waffenschmuggler und europäischer Söldner stellte von Rosen dann eine kleine Kampfgruppe aus mit Raketen bewaffneten Sportflugzeugen auf und trat fast allein zum Kampf gegen die mit Düsenjägern ausgerüsteten Luftstreitkräfte eines kriegführenden Staates an.

Graf von Rosens Tante Karin auf einem Spaziergang mit ihrem sie bewundernden Ehemann, dem späteren Reichsmarschall Hermann Göring. Nach der Hochzeit zerstritten sich die Görings mit den von Rosens und kehrten nie mehr nach Rockelstad, dem Herrensitz der schwedischen Familie zurück, wo sie sich kennengelernt hatten.

Etwa fünf Jahre nach Hermann Görings erstem Besuch in Rockelstad flog der eigenwillige Carl Gustav von Rosen von einer vornehmen Privatschule, prügelte sich mit seinem Vater und verließ das väterliche Schloß, um als angehender Maschinist zur See zu fahren. Bevor er sich der Fliegerei zuwandte, verdiente er eine Zeitlang als Rennbootfahrer sein Geld. Im Alter von 23 Jahren hatte er sich mit seinem Vater versöhnt und gehörte zu den ersten fünf schwedischen Piloten, die geprüfte Fluglehrer wurden. Der junge von Rosen begann seine Kunstflugvorführungen in einer einmotorigen Heinkel über atemlosen Zuschauern in den Tivolis, die das Bild vieler schwedischer Groß- und Kleinstädte bestimmen. Seine spektakulärste Vorführung war ein simulierter Kampf mit einem Feind, der von einer Gruppe Helfer am Boden dargestellt wurde. Sein Flugzeug schoß harmlose Raketen ab und wurde dann durch angebliches Flakfeuer „abgeschossen": Carl Gustav von Rosen brachte die Heinkel ins Trudeln, stellte den Motor ab, ging im Gleitflug zu Boden, als stürze er tatsächlich ab, und ließ den Motor dicht über der Erde wieder anspringen, um sich außer Sichtweite der Zuschauer zu begeben.

Auf einer Kunstflugtournee durch mehrere Tivolis stieß Rosen im Jahre 1935 eines Tages auf ein Plakat an einem Theatereingang, das einen

Vortrag über Äthiopien ankündigte. Äthiopien war kurz zuvor das Opfer einer brutalen italienischen Invasion geworden. Die fast ausschließlich mit Speeren bewaffneten Äthiopier konnten den Angreifern nicht standhalten und erlitten schreckliche Verluste. Rosen wurde neugierig, hörte sich den Vortrag an und war zutiefst erschüttert. Er gab die Kunstfliegerei sofort auf und erbot sich, nach Äthiopien in die Berge zu gehen, wo das schwedische Rote Kreuz Lazarette unterhielt. Wenig später flog er mit einer winzigen Fokker zwischen den wolkenverhangenen Gipfeln Äthiopiens umher, landete auf Lichtungen, in deren Nähe Angehörige eingeborener Stämme umherstreiften, und transportierte Ärzte und Medikamente. Auf einem dieser Flüge geriet er in den Feuerbereich italienischer Flak und konnte nur entkommen, indem er seinen publikumswirksamsten Trick vorführte: Er stellte den Motor ab, gab vor, steuerlos abzustürzen, bis er hinter einer aus dem Dschungel aufragenden Felsspitze verschwunden war, und flog dann in Baumhöhe mit Vollgas davon.

Nachdem die Hauptstadt Addis Abeba von den italienischen Invasionstruppen erobert worden war, reiste Rosen nach Schweden, um Geld für die äthiopische Widerstandsbewegung zu sammeln. Bei seiner Rückkehr nach Afrika machte er in Kairo Station und traf eine Verabredung mit englischen Geheimdienstagenten, die alles in ihrer Macht Stehende taten, um die Eroberungspläne des italienischen Diktators Benito Mussolini in Ostafrika zu durchkreuzen; wenig später flog Rosen von englischen Flugplätzen in Ägypten aus Medikamente und Nachschub zu äthiopischen Guerillas.

Als der äthiopische Widerstand zusammenbrach, zog Carl Gustav von Rosen sich zurück. Da er eine holländische Stewardess geheiratet hatte, ließ er sich vorläufig in Amsterdam nieder und flog für die KLM. Aber er interessierte sich bald für eine andere verlorene Sache. Als die Sowjetunion 1939 in Finnland einfiel, war Rosen wieder unterwegs, um in Schweden Geld für zwei Jagdflugzeuge und eine alte DC-2 der KLM aufzutreiben, die er für die Finnen zu einem Bomber umbaute. Die Bombenlast der Maschine bestand aus zwei 500-kg-Bomben und vier 100-kg-Bomben. Zusätzliche Brandbomben und Munition lagerten auf der Toilette des Flugzeugs, und der Bombenschütze saß auf dem Platz des Copiloten vor einem optischen Bombenzielgerät. Auf der Rumpfoberseite der alten DC-2 waren zwei MGs montiert, von denen eines nach vorn und eines nach hinten schießen konnte.

Rosen flog diesen Behelfsbomber während des erbittert geführten Winterkrieges für Finnland und drang oft unter lebensgefährlichen Wetterbedingungen tief in russisches Gebiet ein, um die karelische Front und die Murmansk-Eisenbahn zu bombardieren. Obwohl der Krieg nach kurzer Zeit mit einem russischen Sieg endete, stellten die tapferen Finnen die DC-2 in Hämeenlinna zur Erinnerung an ihren Kampf auf.

Auf der Rückreise nach Holland kam Rosen wenige Tage vor Hitlers Blitzkrieg gegen die Niederlande durch Deutschland. Obwohl seine Tante Karin im Jahre 1931 gestorben war, hielt Hermann Göring das Andenken seiner verstorbenen Frau weiterhin hoch in Ehren. Und trotz einer gewissen Feindseligkeit, die sich zwischen Göring und den Grafen von Rosen entwickelt hatte, freute sich der mächtige deutsche Reichsmarschall, als Karins junger Neffe ihn in Berlin besuchte. Göring riet ihm dringend davon ab, nach Holland weiterzufahren, wollte seine Warnung jedoch auf keinen Fall genauer begründen.

Rosen war nicht bereit, seine Reisepläne zu ändern. Vier Tage nach seiner Ankunft in Amsterdam wachte er von dem Dröhnen der deutschen Flugzeuge auf. Stukas bombardierten die Stadt, während Fallschirme sich am delfterblauen Himmel entfalteten. Rosen raste zum Amsterdamer

Flughafen Schiphol, wo bereits gekämpft wurde, und schaffte es mit Hilfe eines holländischen Funkers, eine DC-3 der KLM aus einem Hangar zu holen und mit ihr zu starten. Nachdem die Maschine mit wichtigen niederländischen Militär- und Staatsakten beladen worden war, flogen Rosen und der KLM-Chefpilot die DC-3 durch stärkstes deutsches Flakfeuer nach England. Holland fiel. Die englischen Behörden empfingen sie mit Begeisterung – bis Sicherheitsbeamte Rosen vernommen hatten. Später gab er das Gespräch wieder:

„Sie sind Holländer?"

„Nein, ich bin Schwede."

„Wann sind in Holland eingetroffen?"

„Vor vier Tagen."

„Woher kamen Sie?"

„Aus Berlin."

„Wo haben Sie sich in Berlin aufgehalten?"

„Bei Göring."

Die verblüfften Engländer nahmen ihn fest und brachten ihn nach London, wo er weiter verhört und unsanft angefaßt wurde. Zum Glück erfuhr ein englischer Beamter, der Rosen in Äthiopien gekannt hatte, von der Verhaftung und klärte den Irrtum auf. Wenig später reiste Carl Gustav von Rosen auf einem finnischen Frachter ins neutrale Schweden zurück. Obwohl ihm seine Freunde davon abrieten, fuhr er sofort wieder ab, um im besetzten Holland seine Frau zu suchen. Bevor er Amsterdam erreichte, wurde er von der Gestapo verhaftet, erhielt aber die Erlaubnis, ein Telephongespräch zu führen. Er rief den Reichsmarschall an.

Göring erklärte Rosen anfangs, er könne ihm nicht helfen; dann lenkte er jedoch unter der Bedingung ein, daß der freche junge Graf ihm verspreche, sofort nach Holland zu fahren, seine Frau abzuholen und mit ihr für die Dauer des Krieges in das neutrale Schweden zurückzukehren. Rosen versprach es widerstrebend. Unter Aufsicht der Gestapo, die dafür zu sorgen hatte, daß er nicht wortbrüchig wurde, reiste er nach Amsterdam weiter. Dort erklärte ihm seine Frau, sie könne ihre Heimat unter den herrschenden Bedingungen unmöglich verlassen.

Unter den Augen der Gestapomänner blieb Rosen nichts anderes übrig, als nach Schweden zurückzukehren. Als Pilot der staatlichen schwedischen Fluggesellschaft flog er für den Rest des Krieges Kurierflugzeuge auf der Strecke Stockholm–Berlin. Seine Frau hatte sich unterdessen der niederländischen Widerstandsbewegung angeschlossen, wurde von der Gestapo verhaftet, vernommen und ins Konzentrationslager Dachau deportiert. Sie beging später Selbstmord.

Als endlich die Waffen schwiegen, kehrte Rosen Europa den Rücken: Äthiopien und die grünen Hügel Afrikas lockten ihn. Carl Gustav von Rosen widmete sich zehn Jahre lang der Aufgabe, Äthiopien beim Aufbau einer modernen Luftwaffe zu helfen, und der dankbare Kaiser Haile Selassie belohnte ihn mit einer Kaffeeplantage in den Bergen. Im Jahre 1956 schienen die äthiopischen Luftstreitkräfte jedoch nicht mehr auf seine Mithilfe angewiesen zu sein, und Rosen beschloß, sich eine neue Aufgabe, die dringend einen Verfechter brauchte, zu suchen.

Bis sich diese gerechte Sache fand, gab sich Rosen mit einer Stelle als Pilot bei der von Malmö aus operierenden großen schwedischen Chartergesellschaft Transair zufrieden. Dort wurde er zu Routineflügen eingesetzt und beförderte Touristen zu Ferienzielen im Mittelmeerraum oder auf den Kanarischen Inseln. Gelegentlich flog er auch nach Afrika, um gefangene Wildtiere für europäische Zoos zu holen. Das waren harmlose Flüge, deren einzige Spur dünne, schnell vergehende weiße Kondensstrei-

Bei einer Besichtigung mit Kaiser Haile Selassie (vorn links) schreitet Graf von Rosen (vorn Mitte) die Front der Maschinen auf einem äthiopischen Flugplatz ab. Nachdem der schwedische Glücksritter mitgeholfen hatte, die äthiopischen Luftstreitkräfte aufzubauen, war er von 1956 an zehn Jahre lang ihr bewährter Oberbefehlshaber.

fen am weiten afrikanischen Himmel war, auch über den Gebieten, die sein Vater einst durchwandert hatte. Aber einige der anderen Kondensstreifen an diesem Himmel waren weit weniger harmlos, und als im Jahre 1960 im Kongo ein Krieg ausbrach – und als Söldner und Waffenschmuggler sich wie Aasgeier zu sammeln begannen –, wurde auch Graf von Rosen immer stärker in die zentralen Ereignisse verwickelt.

Mehrmotorige Flugzeuge, die wie wilde Raubtiere über das tropische Grasland heulten, landeten in der kongolesischen Hauptstadt Léopoldville, um aus ihren Rümpfen Tausende von blaubehelmten UNO-Soldaten zu entlassen, die von mehreren Mitgliedstaaten entsandt worden waren. Sie kamen auf Ersuchen der Regierung des kurze Zeit zuvor unabhängig gewordenen Kongos, um den in Katanga, einer mineralreichen Provinz im Südosten des Landes, unter Moise Tshombés Führung ausgebrochenen Aufstand einer Unabhängigkeitsbewegung niederzuschlagen. Den UNO-Truppen gelang es, über ein Jahr lang einen unsicheren Frieden aufrechtzuerhalten. Aber als die Feindseligkeiten im September 1961 erneut aufflammten, befanden sie sich sofort in einer sehr schwierigen Lage, da sie versäumt hatten, etwas für ihre Luftverteidigung zu tun. Bei den Maschinen, die sie in den Kongo gebracht hatten, handelte es sich um Verkehrsflugzeuge, von denen einige von der schwedischen Fluggesellschaft

Von 1960 bis 1963 warb Katanga, eine aufständische Provinz im Südosten des Kongos, europäische Piloten an, um sich mit ihrer Hilfe die Unabhängigkeit zu erkämpfen. Nachdem die von den Vereinten Nationen entsandte Friedenstruppe Elisabethville und Jadotville genommen hatten, bombardierte die improvisierte katangische Fliegertruppe beide Städte sehr heftig.

Transair verchartert worden waren, und sobald die UNO-Soldaten in Léopoldville gelandet waren, machte sich ein peinlicher Mangel an Luftunterstützung bemerkbar. Tshombé in Katanga nutzte diese Tatsache rasch zu seinen Gunsten aus.

Moise Tshombé warb eine europäische Söldnertruppe zur Verstärkung seiner Kräfte in ihrem fortgesetzten Kampf gegen die Friedenstruppe der Vereinten Nationen an; um die Luftherrschaft über Katanga zu erringen, kaufte er sich eine wenig schlagkräftige Fliegertruppe zusammen, die aus zwei französischen Düsentrainern des Typs Fouga Magister, zwölf amerikanischen einmotorigen Schulflugzeugen des Musters T-6 Texan, mehreren deutschen STOL-Flugzeugen Dornier Do 28 und einigen englischen De-Havilland-Maschinen des Typs Dove bestand.

Als Piloten für diese Flugzeuge warb Tshombé eine bunte Gruppe ausländischer Söldnerpiloten an, von denen einige ursprünglich zur englischen Royal Air Force (RAF) gehört hatten. Da die Söldnerpiloten auf keinerlei Gegenwehr stießen, konnten sie von Anfang an vernichtende Schläge führen. Eine von Tshombés Maschinen griff bei Jadotville eine UNO-Kolonne an und schlug die wehrlosen Soldaten zur großen Empörung des Sicherheitsrates in New York in die Flucht.

Tshombé bezog die Männer für seine Kampfgruppe aus Söldnerpiloten und weißen Söldnern über ein Netz internationaler Beziehungen und

Aus der Kabine eines zweckentfremdeten De-Havilland-Reiseflugzeugs des Typs Dove zielt ein katangischer Bordschütze mit seinem schweren MG auf feindliche Infanteristen. Der polnische Pilot Jean Zumbach, alias Johnny Brown, flog diese Maschine während des Aufstandes der von Moise Tshombé geführten Katanger.

Machenschaften, die ein Erbe des Zweiten Weltkrieges waren. Wie jeder große Krieg zuvor, hatte der Zweite Weltkrieg einen Überschuß an Berufssoldaten und Waffen hervorgerufen. Man konnte Männer und Waffen kaufen, und ihr Preis war niedrig.

Katangas weiße Söldner wurden in London, Marseille, Brüssel, Johannesburg und Salisbury angeworben. Die Hauptrekrutierungsstelle in Johannesburg leiteten der Südafrikaner Russell Cargill und Carlos Huyghe, ein Belgier und ehemaliger RAF-Pilot. Huyghe war für die Anwerbung der Piloten zuständig. Sie wurden durch Mundpropaganda oder durch Zeitungsanzeigen angelockt, die sich an „ehemalige Soldaten auf der Suche nach einer interessanten und abenteuerlichen Aufgabe" wandten. Diese Anzeigen kursierten nach kurzer Zeit in den Londoner Stammkneipen der Männer, die in Kenia ihre Maschinenpistolen auf die aufständischen Mau-Mau angelegt hatten, sowie in den Marseiller Bistros, in denen die unerbittlichen ultrarechten Kommandos der französischen OAS verkehrten, die Anfang 1961 als Geheimarmee entstanden war und versucht hatte, in Algerien die Macht zu übernehmen.

Vielversprechende Rekruten erhielten Flugscheine nach Elisabethville, der Hauptstadt der Provinz Katanga. Dort unterschrieben sie Halbjahresverträge, die den Infanteristen unter den Söldnern bis zu 800 Dollar im Monat garantierten, während erfahrenen Jagdfliegern großzügige 1000 Dollar pro Einsatz winkten. Ebenfalls vertraglich zugesichert wurden eine „Gefahrenzulage", eine Lebensversicherung, ein Familienzuschlag und ein bezahlter Urlaub pro Jahr. Die Freiwilligen stammten aus allen Bevölkerungsschichten; ihre Motive reichten von Geldgier und Abenteuerlust bis zu familiären Schwierigkeiten und dem Ehrgeiz, sich für ein Ideal einzusetzen. Einige Söldneroffiziere verfolgten insgeheim auch politische Ziele, denn viele Staaten – darunter Südafrika, Belgien und Frankreich – sahen in Tshombés Rebellion eine Chance, ihren Einfluß im Kongo endlich vergrößern zu können.

Zu den bekanntesten Söldnerführern, die damals schnell Karriere machten, gehörten die Franzosen Roger Trinquier, René Faulques und Robert Denard, alles Männer mit vielfältiger Kampferfahrung, die bis Indochina und darüber hinaus zurückreichte. Aus England kamen Richard Browne, John Peters, Alistair Wicks und der Waliser Taffy Williams. Der berühmteste aller Söldnerführer kam aus Südafrika: Oberst Michael „Mad Mike" Hoare, der im Zweiten Weltkrieg Kommandounternehmen in Burma befehligt hatte und dem das Zivilleben in Durban, Südafrika, zu langweilig geworden war. Und aus den Reihen der belgischen Siedler im Kongo kam Jean „Black Jack" Schramme; ihm ging es darum, seinen riesigen Plantagenbesitz zu retten.

Im Vergleich zu diesen abenteuerlichen Infanteristen blieben die Söldnerpiloten unbekannt, zurückhaltend und verschwiegen – vermutlich weil sie gelegentlich von Flugplätzen in benachbarten Staaten zu Einsätzen starteten und die Einzelheiten ihrer Operationen geheimhalten mußten. Katangas improvisierte Luftstreitkräfte standen unter dem nominellen Oberbefehl des Südafrikaners Jeremiah Puren, der auch zu Tshombés aktivsten ausländischen Einkäufern und Kontaktmännern gehörte.

Joseph Delin, 47, auch als José bekannt, stand an der Spitze der Fluglehrer. Delin, ein in Belgien geborener Südafrikaner mit grauem Schnurrbart, war ein erfahrener Pilot der südafrikanischen Luftwaffe. Auf seine Kameraden wirkte er abweisend und einsiedlerisch – „einer der ruhigsten Kerle bei uns", sagte jemand über ihn. Man sah ihn niemals betrunken. Er lebte allein in einem Bungalow neben dem Hauptquartier der katangischen Luftstreitkräfte in Kolwezi und wurde dort von Fallschirmjägern bewacht, während seine Frau sich in der südafrikanischen Provinz Transvaal in Sicherheit befand.

Anfangs flog Delin eine De Havilland Dove, ein zweimotoriges Reiseflugzeug mit seitlicher Tür, durch die Soldaten mit einem schweren MG schießen und kleine Bomben werfen konnten. Aber Delin erwies sich bald als einer der erfolgreichsten Flieger im Kongo und konnte das Kommando über die einzige betriebsfähige Fouga Magister übernehmen. Delin konzentrierte sich auf Navigation, Bombenabwürfe und Angriffe mit Bordwaffen, während die zweisitzige Maschine von einem schneidigen 28jährigen belgischen Schürzenjäger, der lediglich unter dem Namen Magain bekannt war, zu den Einsatzorten geflogen wurde.

Der verwegenste Propellerpilot war ein ungarischer Freiheitskämpfer namens Sandor Gyurkits. Er wurde „Sputnik" genannt, weil er im Jahre 1956 während des Ungarnaufstands in Budapest gegen die sowjetischen Streitkräfte gekämpft hatte.

Diese ziemlich heterogene Gruppe trug dazu bei, den Vormarsch der 10 000 Mann starken UNO-Streitmacht zu verlangsamen, was unerwartete Folgen haben sollte. Die öffentliche Meinung hatte ursprünglich das Eingreifen der Vereinten Nationen befürwortet, aber die hartnäckige Verteidigung Katangas durch den gerissenen Tshombé und seine Stammeskrieger, an deren Spitze nur etwa 200 weiße Söldner kämpften, rief eine Wende hervor. Bald wurden überall auf der Welt Stimmen laut, die sich gegen die Einmischung in den regionalen Unabhängigkeitskampf wandten. Als die Blauhelme der Vereinten Nationen schließlich Elisabethville erreichten, wurde ihr Einsatz in zunehmendem Maße verurteilt. Peinlich war auch der Angriff einer einzelnen Fouga Magister, die die UNO-Truppen auf dem Flughafen von Elisabethville angriff, das Hauptquartier des UNO-Vertreters Conor Cruise O'Brien aus Irland beschoß und dann nach Norden jagte, um den riesigen UNO-Luftstützpunkt Kamina mit Bordwaffen anzugreifen.

Um den ausufernden Konflikt zu beenden, war UNO-Generalsekretär Dag Hammarskjöld in den Kongo geflogen, wo er die Dinge selbst in die Hand nahm und ein Treffen mit Tshombé vereinbarte, das in Ndola, Nord-Rhodesien, stattfinden und zu einem Waffenstillstand führen sollte. Hammarskjöld sollte mit einer von der schwedischen Transair gecharterten Maschine von Léopoldville nach Ndola geflogen werden; Graf Carl Gustav von Rosen, der auf der Bildfläche erschienen war, um den Einsatz der Maschinen seiner Gesellschaft im Kongo zu koordinieren, hätte normalerweise im Cockpit gesessen. Aber Rosen befand sich aus geschäftlichen Gründen in Schweden. Seinen Platz in der DC-6B mit Namen *Albertina* nahm sein Landsmann Per Hallonquist ein. Am 17. September 1961 startete die *Albertina* mit Dag Hammarskjöld an Bord nach Ndola. Elf Kilometer vor dem Ziel stürzte sie unter geheimnisvollen Umständen ab, wobei keiner der Insassen überlebte. Die Absturzursache konnte niemals eindeutig geklärt werden.

Auf dem Flugplatz von Elisabethville im Kongo inspiziert ein UNO-Soldat eine erbeutete Fouga Magister der Fliegertruppe des katangischen Präsidenten Moise Tshombé. Wie einer von Tshombés Söldnerpiloten sagte, sollten die schnittigen Flugzeuge zeigen, „daß wir Düsenjäger hatten und den Himmel über Katanga kontrollieren konnten".

Nach Hammarskjölds Tod wurde ein Waffenstillstand vereinbart, aber schon Anfang Dezember brachen wieder erbitterte Kämpfe aus. Diesmal setzte das UNO-Oberkommando seine eigenen Luftstreitkräfte ein. Sechs schwedische Saab-Düsenjäger, fünf indische zweistrahlige Canberra-Bomber und vier äthiopische F-86 Sabre waren in den Kongo verlegt worden. Sie operierten von Luluabourg aus, überfielen die kleine katangische Fliegertruppe in Kolwezi und zerstörten sie am Boden. Am 21. Dezember einigten sich beide Seiten erneut auf einen Waffenstillstand, und damit war der Krieg praktisch zu Ende. Ein Jahr später flammten die Kämpfe zwar wieder auf, aber ohne die ehemalige Luftüberlegenheit brach Katanga zusammen. Im Juni 1963 ging Tshombé nach Madrid ins Exil. Wenig später brachte die Zentralregierung in Léopoldville die abtrünnige Provinz wieder unter Kontrolle, und die UNO-Truppen blieben ein weiteres Jahr im Lande, um den Frieden zu garantieren.

Die Ironie des Schicksals wollte es, daß Tshombé an die Spitze derselben Zentralregierung in Léopoldville berufen wurde, die die mittlerweile abgerückten UNO-Truppen gegen seine Unabhängigkeitsbewegung in Katanga ins Land geholt hatte, als Mitte 1964 im nordöstlichen Kongo ein blutiger Aufstand von Stammesangehörigen, die wegen ihrer Wildheit Simbas (Löwen) genannt wurden, ausbrach. Tshombés ausländische Söldner waren ihm treu geblieben und traten bereitwillig wieder in seine Dienste, als er sie rief. Aber sobald Tshombé den Aufstand der Simbas niedergeschlagen hatte, enthob die kongolesische Regierung ihn seines Amtes. Tshombé wurde entführt und ermordet.

Nach Tshombés Tod mußten die Söldner, die zu Lande und in der Luft für ihn gekämpft hatten, sich ein Betätigungsfeld außerhalb des Kongo suchen. Und im etwas nördlicher an der Westküste Afrikas gelegenen, turbulenten Nigeria erwartete sie mehr, als sie verkraften konnten – ein so hoffnungsloser und tödlicher Konflikt, daß selbst die abgebrühtesten Infanteristen unter den Söldnern noch vor seinem Ende alle möglichen Ausreden erfanden, um heimkehren zu können.

Die meisten der verbliebenen Söldner waren ausländische Piloten, die für beide Parteien flogen. Nur eine Handvoll Söldner hielt bis zum bitteren Ende durch und kämpfte auch am Boden für das unglückliche Biafra, den wohl hoffnungslosesten Fall der Geschichte Afrikas. Alle anderen Kriegsteilnehmer waren viel zu sehr damit beschäftigt, als Waffenschmuggler das große Geld zu verdienen.

Waffenschmuggel südlich der Sahara war in den ereignisreichen sechziger Jahren das einträglichste Geschäft. Bei dem Versuch, die Entwicklung in Afrika in ihrem Sinne zu steuern, wurden kommunistische und westliche Regierungen in geheime Waffengeschäfte privater Unternehmer verwikkelt. Die Einsätze waren hoch – und die Risiken haarsträubend. Ein zwielichtiger europäischer Waffenhändler kam bei der Detonation eines an seinem Wagen angebrachten Sprengsatzes um. Ein anderer wurde in der Halle eines Genfer Hotels mit einem Giftpfeil ermordet.

Aber manche Piloten waren bereit, diese Risiken auf sich zu nehmen, um die Frachtflugzeuge bezahlen zu können, die sie auf Raten gekauft hatten. Für einige wenige Stunden Flug mit einer Ladung Maschinengewehre konnte ein Pilot mit eigener Maschine etwa 20 000 Dollar kassieren.

Hank Warton war typisch für diese Abenteurer. Seine alten Freunde kannten den fast 1,85 Meter großen Amerikaner Henry Arthur Warton aus Miami, Florida, als Heinrich Wartski, einen eingewanderten Deutschen, der 1916 in Grätz bei Posen zur Welt gekommen war. In den dreißiger Jahren hatte Warton seine verwitwete Mutter nach Amerika begleitet. Nach dem Wehrdienst in der amerikanischen Armee hatte er sich seinen Lebensunterhalt bis zum Jahre 1947 als Pastetenbäcker verdient, bevor er die Förderungsmaßnahmen für ehemalige Soldaten nutzte und den Berufspilotenschein machte.

Nach einer ganzen Reihe von Stellen bei Fluggesellschaften an der amerikanischen Ostküste, die Touristen nach Florida baggerten, ging Warton Mitte der fünfziger Jahre nach Europa zurück. Wo er nur konnte, arbeitete er als Pilot: Er beförderte für eine internationale Organisation mit Sitz in Genf Flüchtlinge oder flog für die Schweizer Charterfluggesellschaft Balair Fracht in den Kongo.

Während der turbulenten Zeit des Konflikts im Kongo mußte er auf eine international zusammengesetzte Gruppe von Piloten aufmerksam werden, die sich ihr Geld damit verdienten, daß sie im Auftrag von Scheinfirmen – Tarnorganisationen von Waffenhändlern – Geheimfrachten in Spannungsgebiete transportierten. Mit solchen Ladungen war viel Geld zu verdienen, wenn der Pilot ein eigenes Flugzeug besaß und nicht zu viele Fragen stellte. Anfang der sechziger Jahre schaffte Warton sich die erste von zwei älteren DC-4 auf Mietbasis an – er charterte sie mit der Auflage, sie später kaufen zu können.

Aber die Welt des Waffenschmuggels klopfte keineswegs in aller Öffentlichkeit an Hank Wartons Haustür; sie schlüpfte durch den Hintereingang, als er eine Frachtfluggesellschaft aufbaute, die Blumen nach Düsseldorf und Küken aus Holland transportieren sollte. Bei einem Aufenthalt in Rotterdam lernte er den afrikanischen Dichter Christopher Okigbo kennen, dem es gelang, Wartons Interesse für die Unruhen in dem jungen afrikanischen Staat Nigeria zu wecken.

In dieser neugeborenen Nation gab es drei große, einander feindselig gegenüberstehende Stammesgruppen – die Haussa im Norden, die animistischen Yoruba im Westen und die Ibo im Südosten. Unter britischer Herrschaft und in den ersten Jahren, nachdem Nigeria im Jahre 1960 die Unabhängigkeit erlangt hatte, war der Konflikt zwischen den verfeindeten Gruppen nicht aufgebrochen.

Anfang 1966 kam es jedoch zu ersten Aufständen gegen die angeblich dominierenden Ibo. In ihrer Verzweiflung trafen die Ibo heimlich Vorbereitungen für eine Loslösung von Nigeria und die Gründung eines eigenen Staates Biafra – nach der vor seiner Küste liegenden Biafra-Bucht benannt. Dazu brauchten sie Waffen, und die Biafraner begannen im Sommer 1966, fast ein Jahr vor ihrer Unabhängigkeitserklärung, Waffen zu kaufen. Aber so leicht die Waffen auch zu bekommen waren, so schwierig sollte sich das Problem der Lieferung erweisen.

Biafra besaß riesige Erdölreserven, die damals englische Firmen bereicherten, die nach wie vor enge Bindungen zu der früheren englischen Kolonie Nigerien unterhielten. Die Unabhängigkeit Biafras sowie der Zugang zu seinen Ölreserven waren deshalb für Israel und Frankreich von großem Interesse. Israelische Agenten brachten die Biafraner mit Paul Favier zusammen, einem ehemaligen Beamten der Sûreté Nationale, der französischen Staatspolizei, der in einem holländischen Lagerhaus zufällig 3600 Maschinenpistolen liegen hatte und so viel 9-mm-Munition liefern konnte, wie man sich nur wünschen mochte. Der Handel wurde von dem Dichter Okigbo abgeschlossen, einem biafranischen Patrioten, der sich auch als Herausgeber der westafrikanischen Kunstzeitschrift *Transition* einen Namen gemacht hatte.

In seiner Arbeit für Biafra erwies er sich als außerordentlich geschickt, zielstrebig und tatkräftig. Okigbo suchte einen Piloten, der bereit war, für gutes Geld beträchtliche Risiken auf sich zu nehmen. Hank Warton war sein Mann. Warton erklärte sich sofort bereit, Faviers Ware nach Port Harcourt im Südosten Nigerias, dem wichtigsten Hafen des zukünftigen Staates Biafra, zu fliegen.

Die Lieferung stieß auf ein erstes Hindernis, als die niederländische Regierung keine Waffenausfuhrlizenz für Nigeria erteilen wollte. Favier, der Verkäufer, umging diese Schwierigkeit, indem er die Waffen scheinbar nach England exportierte, wo sie angeblich von einer Firma in Birmingham generalüberholt werden sollten. Im Oktober 1966 gab Hank Warton sein Küken-und-Blumen-Geschäft auf und landete auf dem Rotterdamer Flughafen Zestienhoven, um die erste Ladung Waffen zu übernehmen. Seine Papiere waren in Ordnung, deshalb stellten die holländischen Zollbeamten keine Fragen, als er sein Flugzeug mit den in Kisten verpackten Maschinenpistolen belud. Die DC-4 startete glatt und nahm Kurs auf Birmingham.

Dort kam die Maschine jedoch nie an. Statt dessen flog Warton mit der DC-4 auf die spanische Mittelmeerinsel Mallorca. Dort tankte er auf und startete zum Weiterflug nach Nigeria mit Zwischenlandungen in Algerien und Fort Lamy im Tschad. Zu Wartons Pech hatte sich niemand die Mühe gemacht, den Piloten mit Karten für das Gebiet um Fort Lamy auszurüsten. Nachdem er vom Kurs abgekommen war und zugesehen hatte, wie die Treibstoffanzeige auf Null gesunken war, setzte Warton mit seiner Maschine und ihrer aus Maschinenpistolen und Munition bestehenden Ladung im Kamerun, ein gutes Stück östlich des nigerianischen Ibolandes, zur Notlandung an. Die alte DC-4 brach in vier Teile, Waffen und Munition wurden in alle Richtungen verstreut. Warton und sein Kopilot wurden festgenommen und verbrachten mehrere Monate in Untersuchungshaft, bis ihnen der Prozeß wegen illegaler Waffeneinfuhr gemacht wurde. Sie wurden für schuldig befunden und des Landes verwiesen.

Wartons unter einem Unglücksstern stehender Flug war nur ein Anfang. Als Biafra sich im Mai 1967 endgültig von Nigeria lossagte, machten beide Parteien geheime Waffengeschäfte mit ausländischen Regierungen. England und die Sowjetunion belieferten Nigeria, während Frankreich, Südafrika, Rhodesien und Israel Biafra belieferten. Portugal, das selbst keine Waffen schickte, gestattete Waffenlieferungen über seine Flughäfen in Lissabon, in Bissau in Portugiesisch-Guinea und auf der etwa 500 Kilometer vor der nigerianischen Küste liegenden Insel São Tomé. Was den Transport der Waffen betraf, blieben die kriegführenden Parteien jedoch weitgehend auf unabhängig operierende Waffenschmuggler angewiesen. Trotz seines wenig verheißungsvollen Debüts in der Branche blieb Hank Warton die prominenteste Gestalt unter den Waffenschmugglern, weil er einer der ersten gewesen war.

Die Agenten der Biafraner in Lissabon begannen mit der Organisation einer Luftbrücke für Waffenlieferungen, die mit einer Flotte alter Super Constellations durchgeführt wurden. Die ersten zwölf „Connies" sowie zwei DC-6B und zwei DC-4 wurden von europäischen Fluggesellschaften gekauft. Weitere elf ausgemusterte Super Constellations wurden von der spanischen Fluggesellschaft Iberia und der portugiesischen Luftverkehrsgesellschaft TAP erworben. Super Constellations waren bei Waffenschmugglern sehr beliebt, weil sie veraltet und deshalb verhältnismäßig billig, trotz ihres Alters aber zuverlässig waren. Außerdem öffneten ihre Laderaumtüren sich nach innen, so daß während des Fluges Waffen abgeworfen werden konnten – eine für den Waffenschmuggel im Dschungel unerläßliche Voraussetzung.

Eine Constellation wurde von Hank Warton gekauft und für Waffentransporte nach Biafra eingesetzt – sie war nur die erste einer ganzen Reihe von Maschinen, die er mit dem bei der Waffenluftbrücke verdienten Geld

Hank Warton (rechts), dessen Piloten im nigerianischen Bürgerkrieg Waffen und Nachschub nach Biafra flogen, unterhält sich 1968 in Lissabon mit zwei Flugzeugmechanikern, während ein dritter seine Lockheed Super Constellation wartet. Die Maschine war als „Altes Graues Gespenst" bekannt, da sie keinerlei Kennzeichen trug.

erwarb. Warton ließ das Flugzeug umlackieren und am Leitwerk mit schwarzem Klebeband eine falsche Eintragungsnummer anbringen. Die Maschine, die bald als das „Alte Graue Gespenst" bekannt werden sollte, begann ihren neuen Dienst, indem sie von Lissabon aus mit jeweils zehn Tonnen Waffen startete.

Die Strecke nach Biafra führte von Lissabon aus mit zwei Zwischenlandungen in Bissau und São Tomé direkt in den Südosten Nigerias. Um den radargesteuerten Flakstellungen der Nigerianer zu entgehen, mußten die Waffenschmuggler sich den Cross River hinauf „einfädeln". Da die ägyptischen Piloten der nigerianischen Luftwaffe sich weigerten, nachts zu fliegen, waren die Waffenschmuggler grundsätzlich nachts unterwegs, damit sie nicht abgefangen werden konnten. Nach den nächtlichen Flügen den Cross River hinauf wurden die Maschinen auf biafranischen Urwaldlandeplätzen entladen, und die Super Constellations verließen dann Nigeria mit Kurs auf die Insel São Tomé.

São Tomé war jedoch nicht der einzige Umschlagplatz für Lieferungen nach Biafra. Ein weiterer war Libreville, die Hauptstadt der ehemaligen französischen Kolonie Gabun. Es gab zwei Gruppen von Piloten, die von Libreville aus flogen: eine englischsprechende und eine französischsprechende. Die englischsprechenden Piloten wohnten in dem heruntergekommenen Hôtel de la Résidence, das von einer scharfzüngigen französischen Brünette geführt wurde, deren wichtigste Qualifikation nach dem Bericht eines durchreisenden Journalisten das Zählen auf Englisch war. Ihre Gastfreundschaft genossen 18 rhodesische und südafrikanische Söldnerpiloten, die nach britischer Kolonialetikette adrett in Khakishorts, Kniestrümpfen und fleckenlosen Buschjacken auftraten. Etwas abseits hielt sich eine Handvoll englischer Flieger, die alle ehemalige RAF-Piloten waren. Die französischsprechenden Besatzungen wohnten besser, in dem ultramodernen Hotel Gamba, wo sie erlesene Weine tranken und Feinschmeckerküche genossen – aber sie kleideten sich nachlässiger in fleckige Shorts, ölverschmierte Hemden und die *sori* genannten japanischen Schlappsandalen. Im Umgang mit Außenstehenden waren sie mürrisch, abweisend und wortkarg.

Die in Libreville stationierten Piloten sprachen weder über ihre Auftraggeber noch die Fracht, die sie beförderten, obwohl es gerüchteweise hieß, sie transportierten von den Franzosen gelieferte Waffen. Ähnlich schweigsam waren die Angestellten einer merkwürdigen, von London aus operierenden Charterfluggesellschaft, die häufig mit Hank Wartons wachsendem Unternehmen konkurrierte. Zu den leitenden Männern der Londoner Organisation gehörte ein früherer Eigner der DC-4, mit der Warton im Kamerun Bruch gemacht hatte. Bevor Warton das Flugzeug kaufte, hatte es einmal mehrere Monate lang auf dem Amsterdamer Flughafen Schiphol gestanden, während niederländische Beamten mit wachsender Belustigung beobachteten, wie der Regen die sichtbaren Firmen- und Eintragungszeichen abwusch und darunter ein anderes, kanadisches Eintragungszeichen zum Vorschein kam.

Der für Einsätze in Afrika und dem Nahen Osten zuständige Vizepräsident des Londoner Unternehmens war kein anderer als der ehemalige deutsche SS-Führer Otto Skorzeny, der das meiste Aufsehen wohl durch die kühne Rettungsaktion erregt hatte, mit der er im Jahre 1943 den gefangengehaltenen italienischen Diktator Benito Mussolini aus einem abgelegenen Berghotel befreite.

Skorzeny, den alliierte Befehlshaber einst für den „gefährlichsten Mann Europas" hielten, hatte sein Hauptquartier in Madrid aufgeschlagen und sollte Gerüchten nach durch eine Geheimorganisation namens „Spinne" an internationalen Waffengeschäften, politischen Morden und neonazistischen Machenschaften beteiligt sein.

Hank Warton und andere Waffenschmuggler verlangten 20 000 Dollar und mehr für den Transport einer Flugzeugladung Waffen nach Biafra. Aber trotz des hohen Preises konnten sie keine Liefergarantie übernehmen, denn unterwegs drohten zu viele Gefahren. Als Biafra einmal zwei französische Düsentrainer des Typs Fouga Magister kaufte, wurden die Rümpfe und Tragflächen getrennt transportiert. Als die Super Constellation mit den Tragflächen in Bissau zwischenlandete, um aufzutanken, wurde sie von Saboteuren gesprengt. Die flügellos bleibenden Fougas flogen nie wieder – weder für Biafra noch sonst einen Staat.

Biafra gab Unsummen aus, um die Waffenluftbrücke zu unterhalten. Es warb auch Piloten und Soldaten an – darunter den bekannten Söldnerführer Oberst René Faulques. Aber Faulques und seine Kameraden zogen sich bald wieder aus dem Geschäft zurück. Sie behaupteten, Biafra verfüge nicht über die nötige Ausrüstung, um seine Truppen auszubilden und zu bewaffnen. In Wirklichkeit hatten die Söldner die Siegeschancen Biafras von Anfang an sehr skeptisch beurteilt, denn nach einigen beeindruckenden anfänglichen Siegen wurden die Biafraner auf immer kleinerem Raum

Das Wrack einer Rote-Kreuz-Maschine beweist, welche Risiken die Piloten auf sich nehmen mußten, die Lebensmittel und andere Hilfsgüter zu den hungernden Biafranern flogen, während diese gegen die nigerianische Regierung Krieg führten. Trotz der Gefährdung durch nigerianische Flak und MiGs wurden ab Anfang 1968 bis zum Ende des Krieges im Januar 1970 über 5000 solcher risikoreichen Hilfsflüge durchgeführt.

zusammengedrängt. Söldner ziehen es traditionellerweise vor, auf der Seite des Siegers zu kämpfen.

Biafra verließ sich schließlich auf den deutschen Söldner Rolf Steiner, einen Experten für aussichtslose Lagen. Steiner hatte als 15jähriger im Volkssturm mitgekämpft, als dessen Mitglied die Niederlage des Dritten Reiches miterlebt, und im Jahre 1954 hatte er als Fremdenlegionär zu den Verteidigern der nach 50tägiger Belagerung gefallenen französischen Festung Dien Bien Phu in Indochina gehört.

Im Jahre 1956 war er einer der französischen Soldaten, die über Suez absprangen, als England, Frankreich und Israel vergeblich versuchten, Ägypten die Kontrolle über den Suezkanal zu entreißen. Im Jahre 1961 hatte er zu den Fremdenlegionären in Algerien gehört, die sich dem fehlgeschlagenen Generalaufstand gegen den französischen Präsidenten Charles de Gaulle angeschlossen hatten. In Biafra befehligte Steiner in einer tapferen, aber letzten Endes dem Untergang geweihten Einheit, der Fourth Commando Brigade, etwa 3000 einheimische Soldaten.

Die Zukunftsaussichten der biafranischen Söldnerpiloten waren ähnlich schlecht wie die Fremdenlegionäre in Algerien. Zu Beginn des Konflikts kaufte Biafra von internationalen Waffenhändlern zwei Bomber B-26, einen Bomber B-25, zwölf T-6 Texans – bewaffnete einmotorige Schulflugzeuge – und acht Alouette-Hubschrauber. Biafranische Piloten flogen die Schulmaschinen und die Hubschrauber, aber für eine B-26 warben die Aufständischen Johnny „Kamikaze" Brown an.

Brown hieß in Wirklichkeit Jean Zumbach. Der Pole Zumbach hatte zu Beginn des Zweiten Weltkrieges an den kurzen Abwehrkämpfen der polnischen Luftwaffe gegen die einfallenden Deutschen teilgenommen.

Nach der Niederlage Polens flog er in der RAF und schoß 17 deutsche Maschinen ab. Nach Kriegsende nahm er den Namen Johnny Brown an und flog als Charterpilot in Frankreich und Nordafrika. Er wurde im Kongokrieg für Tshombés Luftwaffe angeworben und ging dann nach Biafra. Wie der Zufall es wollte, wurde die biafranische B-25 von dem ehemaligen deutschen Luftwaffenpiloten Friedrich Herz geflogen.

Ebenfalls für die Biafraner flogen vier weiße Söldner, mit denen es bei einem geheimnisvollen improvisierten Luftangriff ein schlimmes Ende nahm. Eine Version der Geschichte lautete, daß die Söldner in den frühen Morgenstunden des 7. Oktober 1967 – nach einem ausgedehnten nächtlichen Trinkgelage – beschlossen, den biafranischen Unabhängigkeitskrieg mit einem Schlag zu beenden, indem sie das nigerianische Oberkommando in der Hauptstadt Lagos bombardierten. Sie beschafften sich genügend Treibstoff für ihr Flugzeug und Alkohol für sich selbst und brachten angeblich sogar noch vier kichernde Mädchen an Bord ihrer Fokker F-27, eines kurze Zeit zuvor aus Nigeria entführten Verkehrsflugzeugs. Außerdem beluden sie die Maschinen mit einigen improvisierten Bomben: Ölfässer mit einer Füllung aus Eisenschrott und Schwarzpulver. Dann starteten sie in Richtung Lagos.

Die Söldner schienen geplant zu haben, einige Faßbomben aus der offenen Tür zu rollen, während die Fokker auf dem Flug zum nigerianischen Oberkommando über bestimmten Botschaftsgebäuden kreiste. Jedenfalls donnerten sie im Tiefflug über die am besten verteidigte diplomatische Enklave von Lagos hinweg, als Flakfeuer einsetzte. Die Fokker explodierte in der Luft, wobei alle Besatzungsmitglieder den Tod fanden. Einer der vier Söldner fiel durch das Dach der tschechoslowakischen Botschaft mitten in das Wohnzimmer des Botschafters.

Durch dieses unbedachte Unternehmen hatte Biafra mit einem Schlag etwa ein Fünftel seiner Söldnerpiloten verloren. Die übrigen Flieger, darunter auch Brown und Herz, wurden wenig später vom Kampfgeschehen ausgeschaltet, als nigerianische Truppen die wichtigen Städte Port Harcourt und Enugu überrannten und Browns B-26 sowie die B-25 praktisch unbeschädigt eroberten.

Jetzt herrschten die Nigerianer am Himmel, und ihre Strafexpeditionen trafen ohne Unterschied Krankenhäuser, Schulen und belebte Marktplätze. Die Nigerianer waren gut ausgerüstet: Sie besaßen Hubschrauber, zwei Düsenmaschinen des Typs Provost und 20 einmotorige Dornier Do-27, die sich in kurzer Zeit als Schulflugzeuge für militärische Zwecke umrüsten ließen. Die Tschechoslowakei hatte zwei bewaffnete Schulmaschinen des Musters Delfin L-29 geliefert, und aus der Sowjetunion war eine Anzahl Transportflugzeuge, MiG 17 und zweistrahlige Bomber des Typs Iljuschin Il-28, gekommen. Eine der Il-28 wurde von einem südafrikanischen Söldnerpiloten geflogen, der als „Genocide" (Völkermord) bekannt war, weil er sich aus seiner Maschine über Funk mit den Worten zu melden pflegte: „Hallo, hallo, hier ‚Genocide', bitte kommen!"

Tiefflieger- und Bombenangriffe der nigerianischen Luftstreitkräfte waren harmlos im Vergleich zu der Brutalität, mit der die nigerianischen Heeresverbände in Biafra vorgingen. Selbst ein verhältnismäßig unbeteiligter australischer Flugzeugmechaniker – einer der ausländischen Techniker und Söldnerpiloten auf nigerianischer Seite – stellte mit Entsetzen fest: „Einige der Offiziere sind in Ordnung, aber die Soldaten wollen sämtliche Ibo-Männer zwischen fünfzehn und vierzig umbringen."

Als Biafras Unabhängigkeitskampf zu Ende ging, waren die Ibo auf einem kleinen kreisförmigen Gebiet von etwa 130 Kilometer Durchmesser zusammengedrängt. Eine nigerianische Seeblockade hatte die Lieferung

Lebensgefährliche Flüge nach Biafra

Die Männer, die während des nigerianischen Bürgerkrieges Lebensmittel und Nachschubgut flogen, legten wenig Wert auf Publicity. Aber im August 1968 durfte ein Reporterteam der Zeitschrift *Life* an Bord einer mit Waffen beladenen Lockheed Constellation, die der amerikanische Unternehmer Hank Warton vom Lissaboner Flughafen aus einsetzte, nach Biafra mitfliegen. Für den Photographen Terence Spencer herrschte unterwegs ein strenges Photographierverbot. Heimlich gelang es ihm jedoch, die hier abgebildeten Aufnahmen zu machen.

Von Lissabon aus flog die „Connie" nach Portugiesisch-Guinea, wo Saboteure erst wenige Wochen zuvor eines von Wartons Flugzeugen in die Luft gejagt hatten, dann auf die Insel São Tomé vor der westafrikanischen Küste. Dort erhielt der 23jährige amerikanische Pilot der Maschine, der nur seinen Vornamen Mark nannte, das Kodewort für die Landeerlaubnis im biafranischen Dschungel in der Nähe der Stadt Uli.

Die Connie startete nach Einbruch der Dunkelheit und flog kurz darauf durch die Flaksperre an der nigerianischen Küste. „Mark legt die Maschine in einen unglaublich steilen Seitengleitflug", schrieb der *Life*-Reporter Michael Mok. Durch das riskante Manöver wich er dem Flakfeuer aus.

Als sie Uli erreichten, funkte Mark das Kodewort und setzte sicher auf der schmalen Landebahn auf. Danach erfuhr die Besatzung, daß der Pilot einer anderen Constellation erst eine halbe Stunde zuvor seine Landung falsch angesetzt hatte und mit der Maschine verunglückt war, wobei die ganze Besatzung den Tod gefunden hatte.

In weniger als einer Stunde war das Flugzeug entladen, und die Flieger nahmen Kurs auf Lissabon, um ihren Sold zu kassieren, der von 1000 Dollar für den Bordingenieur bis zu 1500 Dollar für den Piloten reichte. Das war gutes Geld für einen 30-Stunden-Flug – jedenfalls für diejenigen, die überlebten, um es kassieren zu können.

Diese heimlich durch ein Wagenfenster photographierte Lockheed Constellation wird 1968 in Lissabon für einen Waffenflug nach Biafra abgefertigt.

Die Passagierkabine einer nach Biafra fliegenden Maschine ist mit Paletten voller Kriegsmaterial beladen. Der mitfliegende biafranische Sicherheitsbeamte merkte nicht, daß Spencer die Fracht photographierte, die aus Gewehrmunition des NATO-Kalibers 7,62 Millimeter bestand.

Der zigarrenrauchende Kopilot George Robertson (rechts) und Mark, ein junger amerikanischer Pilot, der sich weigerte, seinen Familiennamen zu nennen, unterhalten sich im Cockpit der Connie unmittelbar vor dem Start von São Tomê nach Biafra.

Bei der Nachtlandung in Biafra kennzeichnen die verschwommenen Konturen von Kerosinfackeln die Landebahnränder.

wichtiger Lebensmittel auf dem Seeweg verhindert, und in Biafra brach eine schwere Hungersnot aus.

Internationale Hilfsorganisationen verstärkten ihre verzweifelten Anstrengungen, trotz der nigerianischen Blockade eine Luftbrücke für Lebensmittel und Medikamente einzurichten. Ihre Bemühungen waren jedoch wenig erfolgreich. Die Nigerianer boten an, Lebensmitteltransporte auf dem Landweg nach Biafra passieren zu lassen – vor allem damit sie kontrollieren konnten, ob nicht auch militärischer Nachschub befördert wurde –, aber die Biafraner waren davon überzeugt, daß diese Lebensmittel vergiftet werden würden. Deshalb mußten Hank Warton und die übrigen Waffenschmuggler jedes Gramm Trockenmilch oder Eipulver, jedes Pfund Fleisch nach Biafra einfliegen.

Sie führten diese Aufträge zum selben Preis aus, den sie für Waffentransporte verlangten: 20 000 Dollar pro Flug, gegen Zahlung im voraus. Das war ein gesalzener Tarif, aber die Waffenschmuggler leisteten lebenswichtige Dienste. Wenn Warton auf seinen Flügen auch Waffen und Munition transportierte, um die Maschine vollzubekommen, oder zwischen Lebensmittel- und Waffentransporten abwechselte, konnten die Vertreter der Hilfsorganisationen in ihrer Verzweiflung nur so tun, als sähen sie nichts. Einige sprachen sich anerkennend über sein „humanitäres Unternehmen“ aus. Ihnen blieb auch keine andere Wahl, als vorerst mit den Waffenschmugglern zusammenzuarbeiten.

Nur Warton und seine Kollegen kannten die Route durch den nigerianischen Flakgürtel gut genug – und nur sie hatten Zugang zu den geheimen Landekodes, die täglich wechselten, um das Eindringen feindlicher Flugzeuge zu verhindern. Mit Hilfe dieser Kodes konnte eine Maschine, ohne von der biafranischen Luftabwehr beschossen zu werden, sicher auf einem der getarnten Flugplätze im Dschungel landen. Das nahezu vollständige Monopol auf die Biafraflüge sollte allerdings von einem erfahrenen Piloten gebrochen werden: Er war Hank Warton gewachsen – und der nigerianischen Luftwaffe ebenfalls.

Nachdem Graf Carl Gustav von Rosen im Kongokrieg Nachschub für die UNO-Truppen geflogen hatte, war er nach Schweden zurückgekehrt, hatte das ruhigere Leben eines Flugkapitäns bei der Transair wieder aufgenommen und geschworen, sich nie mehr in Auseinandersetzungen zwischen den neuen afrikanischen Staaten hineinziehen zu lassen. Aber er konnte nicht anders, als sich nicht nur über das Blutvergießen und den Hunger in Biafra, sondern auch über das Verhalten der Waffenschmuggler zu erregen, die seiner Meinung nach die Lage manipulierten und das menschliche Elend zu ihren Gunsten nutzten. Anfang August 1968 erhielt Rosen Gelegenheit, seine Empörung in die Tat umzusetzen: Der Deutsche Caritasverband der katholischen Kirche wandte sich an die Transair, um ein Flugzeug zu chartern, das den belagerten Biafranern die dringend benötigten Lebensmittel und Medikamente bringen sollte.

Rosen flog als Kapitän der von der Caritas gecharterten DC-7 und brachte eine Ladung Hilfsgüter auf die portugiesische Insel São Tomé. Dort erfuhr er, daß die nigerianische Luftabwehr unterdessen so verstärkt worden war, daß selbst die wagemutigsten Waffenschmuggler nicht mehr bereit waren, das Risiko eines Fluges nach Biafra auf sich zu nehmen. Tatsächlich waren die Versorgungsflüge von São Tomé aus schon fast eine Woche zuvor eingestellt worden. Beauftragte des Caritasverbandes baten Rosen, seine Fracht bis an ihren Bestimmungsort zu fliegen.

Carl Gustav von Rosen und seine sorgfältig ausgewählte Besatzung – hauptsächlich Veteranen des Kongo-Unternehmens – konnten dieser

Herausforderung nicht widerstehen, obwohl sie wußten, daß sie Gefahr liefen, von den Nigerianern abgeschossen zu werden – oder von mißtrauischen Biafranern, wenn sie zu landen versuchten. Als sie mit der Festlegung ihrer Route begannen, fanden sie wenig Unterstützung bei den erfahrenen Luftbrückenpiloten auf São Tomé.

Rosen und seine Kollegen wurden lediglich als unliebsame Konkurrenten empfunden, da sie bereit waren, für ihr normales Transair-Gehalt durchs Feuer der nigerianischen Luftabwehr zu fliegen und ihr Leben zu riskieren. „Daß wir nicht flogen, lag in ihrem kommerziellen Interesse", berichtete Rosen später, „und zumindest eine Beschreibung eines Landeplatzes war völlig falsch. Hätten wir uns daran gehalten, hätte der Flug mit einer Katastrophe geendet."

Die Waffenschmuggler waren nicht bereit, Rosen das für Nachtlandungen erforderliche Kodewort zu nennen, und der schwedische Pilot würde auf jeden Fall über unbekanntem Gelände fliegen. Deshalb mußte er am hellichten Tag einfliegen, was bedeutete, daß die DC-7 nicht nur durch Flakfeuer, sondern auch durch nigerianische MiGs gefährdet sein würde. Nachdem Rosen am 13. August 1968 von São Tomé gestartet war, flog er mit der vollbeladenen Maschine in nur 30 Meter Höhe über dem Meeresspiegel und hoffte, das nigerianische Radar unterfliegen und etwa auf der Lauer liegende nigerianische Kanonenboote überraschen und passieren zu

Als nigerianische Regierungstruppen zu Lande und zu See eine Blockade über Biafra verhängten, durchflogen Söldnerpiloten auf dem sogenannten Biafra Run den Flakgürtel, um von São Tomé aus Waffen und Lebensmittel in den Rebellenstaat zu bringen. Sie landeten auf einem Flugplatz bei Uli.

können. Als das Flugzeug die niedrige bewaldete Küste erreichte und die Schaumkronen der rollenden Brandung von dem Blätterdach des Regenwaldes abgelöst wurde, der unter den Tragflächen dahinraste, wußte die DC-7-Besatzung, daß sie die nigerianische Luftabwehr überrumpelt hatte und glatt durchgekommen war.

Das Ziel ihres Fluges – die biafranische Stadt Uli – war unerwartet schnell erreicht. Als Rosen den Flugplatz sah, legte er die Maschine in eine Kurve, damit die Verteidiger erkennen konnten, daß die anfliegende Maschine kein Bomber, sondern ein DC-7-Frachtflugzeug war.

„Nach etwa drei Sekunden, als sie nicht schossen", erzählte Rosen später, „wußte ich, daß alles in Ordnung war; wir flogen eine Schleife und setzten anschließend zur Landung an."

Abgebrühte biafranische Soldaten brachen in Tränen aus, als sie die Hilfsgüter an Bord der DC-7 sahen. Während Rosen mit der Fracht in Uli blieb, flog seine Besatzung nach São Tomé zurück, um eine weitere Ladung zu holen, wobei sie sich an die beim Hinflug bewährte Route hielt. Und als sie wieder in Uli eintraf, kannte sie die Landekodes. Von nun an konnten diese und andere Luftbrückenpiloten durch den von Rosen erkundeten Korridor einfliegen und landen, ohne befürchten zu müssen, sie könnten von nervösen Biafranern beschossen werden. Die Waffenschmuggler konnten sie nicht daran hindern. Und die Zahl der Versorgungsflüge ließ sich drastisch steigern.

Rosen hatte die nigerianische Blockade durchbrochen. Aber er erkannte sehr schnell, daß der Todeskampf Biafras damit nicht beendet war. Ein phantastischer Plan, der weit über den Transport von Lebensmitteln und Medikamenten hinausging, begann in seinem Kopf Gestalt anzunehmen. Für Rosen gab das Schicksal der verhungernden biafranischen Kinder den Ausschlag. „Ich erkannte bald", stellte der idealistische Schwede nachträglich fest, „daß jeder Geistliche, jeder Arzt, jeder Schwarze und Weiße in Biafra um Waffen und Munition und erst in zweiter Linie um Lebensmittel betete, weil die Vorstellung, Kinder zu ernähren, nur damit sie später durch Kanonenbeschuß aus Saladin-Panzerwagen oder MiGs massakriert werden, widersinnig ist."

Durch seinen Plan wollte Rosen „dem Krieg nicht etwa neue Nahrung geben, sondern den hochentwickelten Kriegsapparat, über den die Nigerianer verfügen, von den kleinen Kindern fernhalten".

Bevor Rosen jedoch die Initiative ergriff, wollte er sich davon überzeugen, daß es keine andere Möglichkeit gab. Er flog zuerst nach Äthiopien, um mit Kaiser Haile Selassie, seinem alten Freund, über Biafra zu sprechen. Dann flog er nach New York weiter, wo er sich vergeblich um ein Gespräch mit UNO-Generalsekretär U Thant bemühte.

Während seiner Abwesenheit liefen die Transporte über die Luftbrücke nach Biafra erstmals richtig mit voller Kraft an. Mitte September wurden Nacht für Nacht schätzungsweise 300 Tonnen Lebensmittel und Medikamente nach Biafra eingeflogen.

Hank Warton, der wieder sein Lissaboner Hauptquartier im Hotel Tivoli bezogen hatte, mußte sich unterdessen recht unerwünscht vorkommen. Mit der Begründung, die Biafraner seien ihm eine Million Dollar schuldig, hatte Warton die meisten seiner Flüge eingestellt. Vertreter Biafras konterten mit einer Beschwerde, Wartons Dienst sei unregelmäßig und unzuverlässig gewesen, und verbreiteten, in ihren Augen sei Warton kaum besser als ein feindlicher Agent. Wartons Maschinen auf dem Lissaboner Flughafen waren Gegenstand einer Bombendrohung, und die portugiesische Regierung entdeckte, daß seine Papiere „nicht in Ordnung" waren.

Eine sowjetische Iljuschin Il-28 der nigerianischen Luftstreitkräfte rollt in Port Harcourt zum Start, um einen weiteren Bombenangriff zu fliegen.

Verzweifelte Biafraner bekämpfen einen sich ausbreitenden Brand, nachdem ihr Dorf Aba von nigerianischen Bombern angegriffen worden ist.

Anfang Oktober 1968 verließ er eines Nachts das Hotel Tivoli und verschwand heimlich nach Madrid. Wer sich nach ihm erkundigte, gewann den Eindruck, er werde nicht mehr zurückkehren.

Nach einer Weltreise in atemberaubendem Tempo, auf der er sich vergeblich bemüht hatte, humanitäre Hilfe für Biafra in großem Maßstab zu mobilisieren, kehrte Carl Gustav von Rosen kurz vor Weihnachten in das belagerte Biafra zurück. Dort erfuhr er, daß die Nigerianer Vorbereitungen trafen, um die Einfuhr von Waffen weiter zu erschweren und den lebenswichtigen Flugplatz bei Uli zu zerstören. Rosen gelangte zu der Überzeugung, die Sache selbst in die Hand nehmen zu müssen, wenn irgend etwas für Biafra getan werden sollte. Und er glaubte so sehr an die gerechte Sache Biafras, daß er seine Dienste anbot, ohne dafür eine Bezahlung zu erwarten. Er weihte biafranische Beamte in einen kühnen Plan ein, der langsam in ihm reifte, und kehrte nach Schweden zurück, um ihn in die Tat umzusetzen.

In Malmö, wo Rosen eine Wohnung hatte, war sein Sohn Eric Angestellter der Malmö Flygindustri, eines Flugzeugherstellers, der ein Tochterunternehmen des schwedischen Konzerns Saab war. Eric von Rosen hatte seinen Vater früher einmal gebeten, ihm Flugstunden in einem kleinen zweisitzigen Sportflugzeug zu geben, das seine Firma unter der Bezeichnung MFI-9B baute. Der erfahrene Pilot Rosen war von der Leistungsstärke und Wendigkeit des kleinen Motorflugzeugs beeindruckt gewesen. Ebenso beeindruckt hatte ihn eine Skizze der Version für militärische Zwecke, die als leichtes Erdkampfflugzeug ausgelegt war. Wegen ihrer ungewöhnlich stabilen Tragflächenkonstruktion konnte die Maschine Raketenbehälter tragen. Sie war nur schwer von Radargeräten zu entdecken oder durch Flakfeuer zu treffen, weil sie im Tiefflug äußerst wendig war. Die MFI-9B entsprach genau Rosens Vorstellungen.

Anfang 1969 bestellten Angehörige der tansanischen Botschaft in Stockholm fünf MFI-9B für eine neue Fliegerschule in ihrem Lande. Tansania gehörte zu den wenigen Staaten, die Biafra diplomatisch anerkannt hatten, aber die Bedeutung dieser Tatsache schien den zuständigen schwedischen Stellen entgangen zu sein. Eine obskure Pariser Firma – in Wirklichkeit eine Scheinfirma, hinter der sich die biafranische Regierung verbarg – zahlte 51 600 Dollar für die fünf Flugzeuge. Die Maschinen wurden anschließend von schwedischen MFI-Piloten auf einen Flugplatz bei Paris überführt, wo die Piloten sich zu ihrer Überraschung in einem militärischen Sicherheitsbereich wiederfanden. Dort nahmen Waffenspezialisten der französischen Luftwaffe an den Tragflächen der kleinen Maschinen Maß, um Raketenbehälter mit jeweils sechs französischen 76-mm-Raketen anbringen zu können.

Dann wurden die kleinen Flugzeuge zerlegt, in Kisten verpackt und in zwei Super Constellations verfrachtet. Als einziger Schwede begleitete sie Per Hazelius, ein Ingenieur, der die Montage der fünf Maschinen in Tansania leiten sollte. Er ging an Bord einer Super Constellation, die ihn angeblich nach Daressalam bringen sollte. Aber das Flugzeug landete an der entgegengesetzten Küste Afrikas in Libreville, Gabun. Dort wurde Hazelius von Rosen empfangen.

In Rosens Begleitung befanden sich zwei weitere schwedische Piloten und zwei Flugzeugmechaniker. Die Piloten waren Martin Lang, ein 31jähriger Fluglehrer, und Gunnar Haglund, der 27jährige Firmenpilot eines schwedischen Stahlwerks. Die Flugzeugmechaniker waren Torsten Nilsson, 58, ein pensionierter schwedischer Luftwaffenpilot, und Bengt Weithz, ein junger Ingenieur, der die MFI-9B kannte. Sie handelten wie

Mitarbeiter einer Hilfsorganisation heben ein vom Hunger gezeichnetes biafranisches Kind in ein Flugzeug, um es nach Gabun auszufliegen. Die nigerianische Blockade – die schließlich von Graf von Rosen durchbrochen wurde – führte in Biafra zu einer Kwaschiorkor-Epidemie, einer oft tödlich verlaufenden Proteinmangelkrankheit.

Rosen aus Idealismus. Ihr Sold war lediglich so hoch wie ihr normales Gehalt. Ebenfalls mitgebracht hatte Rosen zwei Biafraner: den Piloten Willie Bruce und Augustus Opke, der als 27jähriger bereits Kommandeur der biafranischen Fliegertruppe war.

Da alle mithalfen, brauchte Per Hazelius nicht lange, um die fünf Flugzeuge zusammenzubauen. Dann flogen die Piloten die Maschinen zu einem geheimen Buschflugplatz außerhalb von Libreville, wo die MFI-9B mit den vorbereiteten Raketenbehältern ausgerüstet wurden. Rosen gab den Flugzeugen den Spitznamen „Minicoins" – ein Wortspiel, das auf ihren geringen Preis (*coin* – Münze, Geld) und ihre Eignung für *mini-counterinsurgency*-Einsätze (Einsätze gegen Aufständische) anspielte. Später wurde dieser Name häufig zu „Minicon" abgekürzt.

Per Hazelius staunte über die Verwandlung harmloser MFI-Sportflugzeuge in gefährliche Erdkampfflugzeuge mit jeweils zwölf Luft-Boden-Raketen. Dann übermalten die Flugzeugmechaniker die schwedischen Hoheitsabzeichen und brachten eine Tarnbemalung an. Rosen lud Hazelius ein, bei der Gruppe zu bleiben und auch weiterhin mitzuhelfen, aber der Ingenieur zog es vor, nach Schweden zurückzukehren.

Der erste Einsatz mit den neuen Maschinen gegen Nigeria wurde schließlich am 22. Mai 1969 um 12 Uhr mittags geflogen.

„Wir wollten sie erwischen, wenn sie nach dem Mittagessen schläfrig waren", erläuterte Rosen. Ihr Ziel war Port Harcourt, wo die Nigerianer eine Radarstation als Jägerleitstelle aufgebaut hatten. Außerdem waren dort mehrere MiGs und Iljuschin-Bomber stationiert.

Der Tag war glühendheiß. Als Sonnenschutz trug Rosen eine gelbe Baseballmütze auf seinem schütteren grauen Haar. Er war 59 Jahre alt.

Als die Staffel Minicoins sich der Küste näherte, sichtete einer der Piloten einige große Erdöltanker auf Reede. In seiner Aufregung über ihre mögliche Versenkung brach er die angeordnete Funkstille. Jetzt wußten die Nigerianer, daß sie kamen.

Sie flogen in Baumhöhe über Port Harcourt und beobachteten ein Regiment nigerianischer Soldaten, die hastig versuchten, die Start- und Landebahn mit Laub zu tarnen. Alle Flakgeschütze zielten in die Richtung, aus der die Minicoins anflogen, und eröffneten das Feuer, sobald die Flugzeuge in Sicht kamen.

Rosens Maschine wurde durch die Detonation einer Granate aus einem schwedischen Bofors-Flakgeschütz beinahe auf den Rücken geworfen. Die Piloten schossen ihre ersten Raketen ab und brachten dadurch die Bofors-Geschütze augenblicklich zum Schweigen. Dann wurden zwei abgestellte MiGs von Raketen getroffen, wobei die Tragflächen einer der russischen Maschinen abrissen und durch die Luft wirbelten. Zuletzt beschossen die Angreifer die Iljuschins und beschädigten zwei schwer, bevor sie zu ihrem geheimen Urwaldflugplatz zurückflogen.

Die Angreifer starteten so schnell wie möglich zu einem weiteren Einsatz gegen Benin, wo sie die Iljuschin des berüchtigten Piloten mit dem Spitznamen „Genocide" sowie eine Il-28, die als „Intruder" (Störflugzeug) bekannt geworden war und mehrmals den Flugplatz bei Uli angegriffen hatte, vollständig vernichteten.

Drei Tage später schlugen sie in Enugu zu.

„Sie wußten, daß wir kommen würden, und hatten sämtliche verfügbaren Geschütze zum Flugplatz gebracht", berichtete Rosen später. Aber die wenigen Angreifer wichen dem nigerianischen Abwehrfeuer aus und trafen zwei Bomber. „Eine MiG rollte zum Start, um die Verfolgung aufzunehmen", erinnerte der Schwede sich später, „aber sie wurde zerschossen, als sie abzuheben versuchte."

Mit ihrem bescheidenen 100-PS-Motor erreichte Graf von Rosens Leichtgewicht Minicoin lediglich eine Höchstgeschwindigkeit von etwa 230 Stundenkilometern. Aber durch einen Zusatztank anstelle des Passagiersitzes wurde die Reichweite der Maschine auf etwa 1000 Kilometer erhöht.

Ein kampfstarkes Leichtgewicht

Mit einer Gesamtlänge von 5,80 Metern schien der „Himmelsfloh" MFI-9B – ein zweisitziges Sportflugzeug, mit dem Graf Carl Gustav von Rosen im Dienste Biafras gegen die nigerianischen Luftstreitkräfte kämpfte – eine äußerst ungeeignete Kriegswaffe zu sein. Tatsächlich hatte der schwedische Hersteller Malmö Flygindustri (MFI) die MFI-9B ursprünglich als leichtes Erdkampfflugzeug konstruiert, aber keine Käufer gefunden. Im Jahre 1964 hatte die MFI die Militärausführung praktisch aufgegeben und konzentrierte sich statt dessen auf den Bau der unbewaffneten Zivilausführung.

Als Graf von Rosen vier Jahre später ein tieffliegendes, wendiges Flugzeug für Biafra suchte, erinnerte er sich an den militärischen Prototyp der MFI-9B. Auf seine Empfehlung kauften die Biafraner unbewaffnete MFI-9B, die er dann so nachrüsten ließ, daß sie dem Vorläufermodell glichen.

Mit zwölf Raketen unter den Tragflächen erfüllte das Flugzeug – das Rosen als „Minicoin" bezeichnete – sämtliche Erwartungen des schwedischen Piloten. In einer Serie von Tiefstangriffen, die der Gegner nicht für möglich gehalten hatte, griff er mit seinen Flugzeugen Militärflugplätze mit Raketen an und fügte den nigerianischen Luftstreitkräften schweren Schaden zu.

Martin Lang erlebte schlimme Augenblicke, als seine Minicoin Höhe verlor und kurz auf der Startbahn aufsetzen mußte, bevor sie wieder Fluggeschwindigkeit erreichte. Aber während Lang sich am Boden befand, traf er zwei abgestellte Flugzeuge – darunter eine MiG – mit Raketen.

Durch drei erfolgreiche Überraschungsangriffe hatten Rosen und seine kleine Staffel schwerbewaffneter Leichtflugzeuge für heillose Verwirrung in den nigerianischen Luftstreitkräften gesorgt – und dem belagerten Biafra den dringend benötigten Auftrieb gegeben.

Die Reaktion der Weltöffentlichkeit war gemischt. Nigeria protestierte in Stockholm, sobald Rosens Identität feststand. Die schwedische Regierung leitete eine Untersuchung ein; die Malmö Flygindustri zeigte sich überrascht; die Transair wußte nur, daß Rosen Urlaub machte. Berichte über die kühnen Luftangriffe gingen durch die Weltpresse. Während Carl Gustav von Rosen nach Schweden zurückkehrte, um sich der staatlichen Untersuchung zu stellen, setzte seine Staffel die Angriffe fort. In der Heimat gelang es Rosen, die schwedische Regierung davon zu überzeugen, daß er nichts mit dem eigentlichen Kauf und der Verschickung der Flugzeuge zu tun und sich in keiner Weise strafbar gemacht hatte. Die Transair sah sich zu einer Rüge veranlaßt – weil er während seines Urlaubs für andere Auftraggeber geflogen war.

Nach Rosens Darstellung wäre damals halb Schweden bereit gewesen, nach Afrika zu gehen und dort dem bedrohten Biafra zu helfen.

Rosen, dessen Aufgabe beendet war, ließ sich wieder in Malmö nieder, um als Privatmann sein Leben zu gestalten. In den folgenden Monaten gingen Gerüchte um, er sei wieder in Biafra und würde Minicoin-Einsätze fliegen – ein moderner fahrender Ritter, der für die Unterdrückten kämpfte. In der schmutzigen Welt der Waffenschmuggler, die den Ausgang so vieler Ereignisse in Afrika beeinflußten, hatte er bewiesen, daß es möglich war, auch aus anderen Motiven als Geldgier zu handeln. Er hatte alles getan, was er für Biafra tun konnte, und doch mußte er schließlich einsehen, daß der junge Staat verloren war.

Er hatte recht. Als Reaktion auf seine ersten Luftangriffe hatte Nigeria kurzerhand ein Startverbot für die eigenen Leichtflugzeuge verhängt, damit die schlecht ausgebildeten nigerianischen Flakbedienungen sicher sein konnten, daß alle gesichteten Maschinen dieser Art unbesorgt als feindliche angesehen werden konnten.

„Die Nigerianer wissen, daß sie verwundbar sind", stellte Rosen schadenfroh fest und fügte hinzu, daß sich die Manager der Ölgesellschaften um die Sicherheit ihrer Anlagen mittlerweile erhebliche Sorgen machten. „Sie wissen jetzt", sagte er, „daß sie der Blitz aus heiterem Himmel treffen kann und ihre ganze kleine Welt dann in Flammen aufgeht."

Aber Biafras improvisierte Fliegertruppe konnte nicht genügend Blitze versenden, um den winzigen neuen Staat zu retten. Obwohl die Minicoins eine Anzahl nigerianischer Kampfflugzeuge zerstört oder beschädigt hatten, besaß Nigeria noch immer genügend Maschinen, um fast jede Nacht strategisch wichtige Ziele in Biafra, darunter den lebenswichtigen Flugplatz bei Uli, angreifen zu können.

Nachdem Rosen im Juni nach Schweden zurückgekehrt war, schlüpften von Biafranern geflogene Minicoins mehrmals unbemerkt durch den verstärkten nigerianischen Flakgürtel, um Ölförderanlagen mit Raketen zu beschießen, ohne dadurch mehr als Augenblickserfolge zu erzielen. Dann ersetzten die Nigerianer ihre unzulänglich ausgebildeten und wenig draufgängerischen MiG-17-Piloten durch erstklassige Jagdflieger aus der DDR, die auch Nachteinsätze nicht scheuten. Von dem Zeitpunkt an war der

Das Flugzeug einer schwedischen Hilfsorganisation wirft im Jahre 1974 in Äthiopien Getreide für hungernde Dorfbewohner ab. Am Steuer einer ähnlichen Saab-Scania Safari – einer Weiterentwicklung der Minicoin, mit der er nigerianische Flugplätze angegriffen hatte – half Rosen mit, Äthiopier mit Eßbarem zu „bombardieren".

Himmel sowohl bei Tag als auch bei Nacht nicht mehr sicher. Am 29. November 1969 sichteten MiGs auf einem Patrouillenflug zwei Minicoins, die nach einem Angriff zu ihrem Urwaldstützpunkt zurückflogen, stießen auf sie herab und zerstörten sie nach ihrer Landung am Boden. Und im Januar 1970, ein halbes Jahr nachdem Rosen Biafra neuen Mut gemacht hatte, brach die nigerianische Armee den letzten Widerstand der Ibo und ihrer Söldner und brachte den Biafrakrieg zu Ende.

In Schweden behielt Rosen seine Gedanken für sich. Er verschwand allmählich aus dem Bewußtsein der Öffentlichkeit. Im Jahre 1974 arbeitete er wieder in seiner zweiten Heimat Äthiopien und flog Lebensmittel in Hungersnot-Gebiete. Im Jahre 1977 kam es zum Grenzkrieg mit Somalia, und der Gouverneur der äthiopischen Provinz Harar wollte mit dem Vertreter einer Hilfsorganisation in die von somalischen Truppen angegriffene Stadt Gode geflogen werden. Rosen übernahm diesen Auftrag und landete glatt. Nachts begannen die Somalis jedoch mit der Beschießung der Stadt. Einige Bewohner der Villa, in der der Gouverneur mit seinen Begleitern wohnte, entschlossen sich zu fliehen; andere, zu denen Rosen und der Gouverneur gehörten, blieben zurück. Wenig später wurde die Villa von Somalis gestürmt. Im Inneren des Gebäudes waren Feuerstöße aus Maschinenpistolen zu hören.

Noch vor Tagesanbruch hatten die Äthiopier die Villa zurückerobert. Es war der 13. Juli 1977. Zwei Jahre vor seinem 70. Geburtstag war Gustav von Rosen im Kugelhagel der Maschinenpistolen umgekommen.

Kriegsdienst für die Mächte im Hintergrund

Seit dem Ende des Zweiten Weltkrieges haben Söldnerpiloten sich immer mehr daran gewöhnt, im undurchsichtigen Labyrinth internationaler Machtpolitik zu arbeiten, manchmal für Auftraggeber zu fliegen, deren Identität und Absichten der Öffentlichkeit verborgen blieben, und gegen Gegner zu kämpfen, deren wahre Hintermänner sich ähnlich gut tarnten. Aber selten ist das Labyrinth undurchsichtiger gewesen als 1964 während der Auseinandersetzungen im Kongo.

In dieser (jetzt als Zaire bekannten) ehemaligen belgischen Kolonie kämpften Söldnerpiloten auf seiten der kongolesischen Regierung gegen kongolesische Rebellen. Die Flieger waren vom amerikanischen CIA angeworbene Exilkubaner, die mit von Amerika gelieferten Flugzeugen einen anfangs immer stärker werdenden Gegner bekämpften, der seine Waffen aus der Sowjetunion und der Volksrepublik China erhielt.

Der CIA warb die Kubaner an, um das westlich orientierte Regime im Kampf gegen die „Simbas" (Löwen) genannten Rebellen zu unterstützen. Die Aufständischen, mit Speeren und anderen primitiven Waffen ausgerüstet, waren schon bedrohlich genug gewesen; sie wurden noch gefährlicher, als sie von den Russen und Chinesen moderne Waffen erhielten. „Jeder Simba im Norden scheint jetzt ein neues Gewehr zu haben", sagte ein Söldnerfeldwebel, als die Rebellion an Stoßkraft gewann.

Die Kubaner erfüllten die Aufgabe, für die sie angeworben worden waren. Sie flogen mit Raketen und 12,7-mm-MGs bewaffnete Schulflugzeuge des Typs T-28 und aus dem Zweiten Weltkrieg stammende Douglas-Jagdbomber A-26 – die Anfang der sechziger Jahre modernisiert worden waren und die neue Bezeichnung B-26K erhalten hatten –, bekämpften die Simbas mit Bordwaffen und griffen feindliche Nachschubtransporte an, bis die Rebellion im Herbst 1965 zusammenbrach. Der Kongo war stabilisiert, die Absichten der Russen und Chinesen waren vereitelt worden, und die Söldnerpiloten kehrten heim, um auf die nächste Krise und den nächsten Job zu warten.

Eine B-26K Counter Invader, die Hauptwaffe exilkubanischer Söldner im Kongo, wird auf einem Flugplatz in Stanleyville einsatzbereit gemacht.

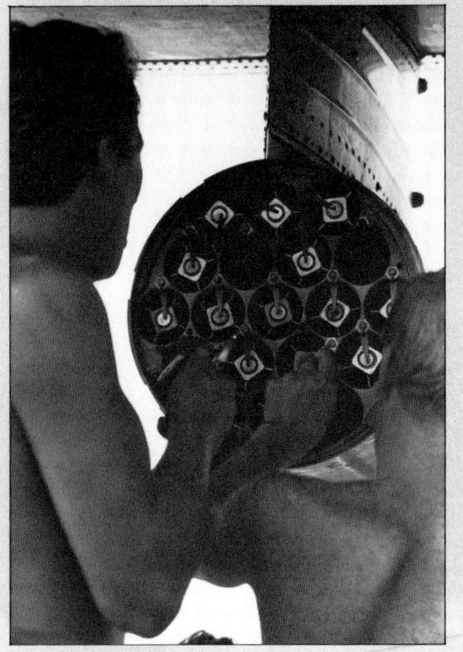

Zwei Techniker (links außen) machen die Raketen einer B-26K für den Angriff auf Nachschubkolonnen scharf, während ein Pilot und sein Kopilot auf einer weiteren B-26K stehen (links) und sich die Fallschirme umschnallen. Die Raketen dieser Maschine – und ihre acht 12,7-mm-MGs im Bug – deckten LKW-Kolonnen mit einem Feuerhagel ein und wurden die Geißel feindlicher Infanteristen.

Auf einem Erkundungsflug zur Bekämpfung von Bodenzielen im Kongo suchen zwei Söldnerpiloten das Gelände nach einem Munitionslager der Rebellen ab. Die Exilkubaner erhielten bis zu 2000 Dollar im Monat, mußten dafür aber gelegentlich zwei anstrengende Sechs- bis Achtstundeneinsätze pro Tag auf sich nehmen und verkraften.

Nachdem das vermutete Munitionslager, eine Gruppe von Hütten, aufgespürt worden ist, zerstören die Flieger es durch MG-Feuer und Raketenbeschuß. Bei ähnlichen Erdkampfeinsätzen flogen die Söldnerpiloten für die Regierungstruppen und trugen so dazu bei, daß von den Rebellen besetzte Gebiete zurückerobert werden konnten.

Ein auf einer Urwaldstraße bei Bukawu überraschter Waffentransport für die Aufständischen wird von exilkubanischen Piloten der kongolesischen Luftstreitkräfte in kurzer Zeit mühelos vernichtet.

5

Ein Krieg ohne Ende

In dem blauen tropischen Meer schimmerten die von Korallenriffen gesäumten Inseln Indonesiens wie Edelsteine. Der Himmel war wie das Meer so blau, daß der Horizont sich nicht abzeichnete. Hoch über den weißen Stränden der Insel Ambon flog eine B-26, stieß in die Tiefe, zog hoch und stieß nochmals hinab. Ihr Ziel war ein im Dschungel angelegter Flugplatz, auf dem sie einige militärische Gebäude und rennende Gestalten mit Bomben und Bordwaffen angriff. Im Bug der umgebauten B-26 waren acht 12,7-mm-Maschinengewehre installiert, aus denen ein Feuerhagel auf die indonesischen Soldaten niederging, die den Flugplatz gegen Aufständische verteidigen sollten.

Als die MGs leergeschossen waren, drehte die B-26 ab und nahm Kurs auf das ruhige Meer, um zu einem geheimen Rebellenstützpunkt auf der weit entfernten Insel Celebes zurückzufliegen. Die Sprengpunkte von Flakgranaten hüllten das Flugzeug wie weiße Wattebäuschchen ein. Plötzlich stand die rechte Tragfläche in Flammen. Die B-26 wurde langsamer, verlor an Höhe und stürzte über dem Meer ab. Ein winziger Punkt fiel durch den leeren Himmel. Dann öffnete sich ein weißer Fallschirm: Allen Lawrence Pope, ehemaliger Pilot der amerikanischen Luftstreitkräfte, sank langsam auf ein Korallenriff herab, wo er sich bei der Landung ein Bein brach und gefangengenommen wurde.

Drei Wochen zuvor hatte der amerikanische Präsident Dwight D. Eisenhower die Anschuldigung zurückgewiesen, die Vereinigten Staaten unterstützten den Versuch der Aufständischen, den indonesischen Präsidenten Achmed Sukarno zu stürzen. Als Washington im Frühjahr 1958 von Popes Gefangennahme erfuhr, wurde der amerikanische Botschafter in Indonesien angewiesen, zu erklären, der Pilot sei lediglich „ein als besoldeter Glücksritter beteiligter amerikanischer Privatmann".

Das war Pope allerdings. Aber von wem besoldet? Washingtons Nervosität basierte auf der Tatsache, daß Pope – wie andere Piloten, die mit B-26 Luftunterstützung für die Rebellen flogen – einen Vertrag mit Claire Chennaults auf Taiwan beheimateter Civil Air Transport (CAT) hatte, das heißt mit einer angeblich zivilen Fluggesellschaft, die sich aus den Flying Tigers des Zweiten Weltkrieges entwickelt hatte. Und Chennault wurde vom CIA, dem amerikanischen Geheimdienst, dafür bezahlt, daß er die gegen Sukarno kämpfenden Rebellen durch Luftangriffe unterstützte.

Pope war ein typischer Abenteurer und Söldnerpilot. Er hatte sein Studium an der University of Florida abgebrochen, um auf einer Ranch in Texas zu arbeiten. Er war dann als Freiwilliger nach Korea gegangen, wo er

Söldnerpiloten der vom CIA finanzierten Fluggesellschaft Air America, die ein Transportflugzeug des Typs C-123 ohne Kennzeichen fliegen, werfen 1963 Munition für laotische Truppen ab. Solche Einsätze sollten indochinesischen Regierungen im Kampf gegen kommunistische Insurgenten helfen.

es auf 55 Nachteinsätze als Jagdflieger gebracht hatte. Nach dem Ende des Koreakrieges kehrte er nach Texas zurück, konnte sich aber nicht an den ehelichen Alltag und seine Tätigkeit als Pilot bei einer Fluggesellschaft gewöhnen. Die Ehe endete mit einer Scheidung, und Pope ging wieder nach Asien, um für die CAT zu fliegen, die zu einer Zufluchtstätte der Abenteurer und unverbesserlichen Individualisten der Luftfahrt geworden war. Im Auftrag der CAT warf Pope für die in Dien Bien Phu belagerte französische Fremdenlegion Nachschub ab. Als die Franzosen kapitulierten und sich aus Indochina zurückzogen, wurden Pope und einige seiner Kameraden durch die CAT in Indonesien eingesetzt, um für eine gewisse Zeit im Rahmen der geheimen CIA-Operationen zum Sturz von Präsident Sukarno als Kampfflieger beizutragen.

Nach seiner Gefangennahme wurde Pope von einem indonesischen Militärgericht zum Tode verurteilt. Die Strafe wurde nicht vollstreckt. Der Aufstand brach schließlich zusammen, aber Pope blieb vier Jahre lang im Gefängnis, bis die amerikanisch-indonesischen Beziehungen sich nach dem Amtsantritt von Präsident John F. Kennedy im Jahre 1961 besserten. Nach seiner Entlassung ließ Pope seinen schlechten Ruf in Asien zurück und ging nach Südamerika, um dort für den CIA zu arbeiten. Aber seine Kollegen, die exotischen, kampferprobten Söldnerpiloten der CAT, blieben weiter in Asien, um ihre phantastischen Rollen in einem der größten Luftabenteuer weiterzuspielen, das die Welt je erlebt hatte.

Insgesamt 30 Jahre lang, vom alliierten Sieg über Japan im Jahre 1945 bis zum Fall Saigons 1975, war Asien der Schauplatz, wo Söldnerpiloten, die Kampf und Gefahr suchten, gebraucht wurden. In diesen drei Jahrzehnten ließen die Kriege zwischen Parteien mit gegensätzlichen politischen Ideologien sowie zwischen nationalistischen Bewegungen und fremden Mächten den asiatischen Raum nicht mehr zur Ruhe kommen. Für Jahresgehälter, die in einigen Fällen bis zu 40 000 Dollar betrugen, fanden Söldnerpiloten reichlich Arbeit: Sie transportierten Flüchtlinge, Medikamente, Millionen Tonnen Reis, zahllose Geheimagenten, Dschungelkämpfer, Guerillaeinheiten, Hühner, Schweine und Munition.

Abgesehen von wenigen Ausnahmen, waren diese Piloten Zivilisten – Buschpiloten, Agrarflieger und umherziehende Flugbesessene –, die des Geldes wegen nach Asien gingen und dort lernten, sich ihre Auftraggeber nicht allzu genau anzusehen. Sie betrachteten sich als Lohnarbeiter, die für „den Kunden“ arbeiteten, wobei es keine große Rolle spielte, ob der Kunde ein Flüchtlingsarzt, der Vertreter einer amerikanischen Hilfsorganisation, eine Familie der vietnamesischen Bergstämme, ein Experte für Guerillakriegführung, ein CIA-Agent oder ein Drogenschmuggler war. Da sie aus eigener schmerzlicher Erfahrung wußten, was es bedeutete, abgebrannt zu sein, ließen sie sich von Job zu Job treiben und flogen für Chennaults CAT und ihre Nachfolgefirma Air America oder für Charterfluggesellschaften mit Namen wie Continental Air Services oder Bird Air, die sich als Unternehmer den vietnamesischen Kriegsschauplatz eroberten.

Als die militärischen Auseinandersetzungen heftiger wurden, stieß eine neue Generation junger Hubschrauberpiloten zu den Veteranen. Die in feindseliger Konkurrenz zueinander stehenden forschen jungen Hubschrauberpiloten und die sie mit scheelen Blicken betrachtenden alten Starrflügler-Piloten und Asienkenner bildeten gemeinsam die letzten irregulären Luftstreitkräfte, die letzte Version von Chennaults Internationaler Luftstaffel aus dem Jahre 1937. Und als diese letzte Epoche westlichen Machtstrebens in Asien endete, als die Soldaten ihre Waffen und Geräte zusammenpackten, um in die Heimat verlegt zu werden, fiel diesen Söldnerpiloten eine verantwortungsvolle Aufgabe zu. Sie mußten nunmehr aus drei Ländern gleichzeitig Ausländer und Flüchtlinge evakuieren, während die vom Westen gestützten Regierungen angesichts des siegreichen Vormarsches kommunistischer Truppen zusammenbrachen. Die Flieger machten mit dem gleichen haarsträubenden Wagemut weiter, den sie schon früher in Dien Bien Phu bewiesen hatten; sie zeigten sich von der gleichen Abenteuerlust beseelt, die die Flugakrobaten erstmals im Jahre 1913 nach Mexiko geführt hatte, wo sie als Söldnerpiloten für Pancho Villa flogen. Aber alles wäre vielleicht ganz anders gekommen, wenn Chennault nicht im Jahre 1937 nach China gegangen wäre.

Nach dem Ende des Zweiten Weltkrieges kehrte Claire Lee Chennault nach Louisiana zurück, um sich zur Ruhe zu setzen. Aber der Ferne Osten ließ ihn nicht mehr los, so daß er bald alle Vorstellungen vom geruhsamen Lebensabend über Bord warf, sich von Frau und Kindern trennte und nach China zurückging. Der Krieg hatte das riesige Reich zerstört, und Tschiang Kai-scheks nationalchinesische Regierung führte einen Kampf auf Leben und Tod gegen die kommunistischen Armeen Mao Tse-tungs. Im Jahre 1946 gründete Chennault gemeinsam mit chinesischen Geldgebern die Fluggesellschaft Civil Air Transport und kaufte 15 Curtiss C-46 Commandos und vier Douglas C-47 als Frachtflugzeuge für den Transport von Hilfsgütern in die von den Nationalchinesen kontrollierten Gebiete.

Chennaults CAT verfügte anfangs nur über einige Flugzeugführer, zu denen mehrere Amerikaner und die ehemaligen RAF-Piloten George Davis und Dave Lampard gehörten, die bei ihren Kameraden als König Georg und Herzog von Windsor bekannt waren. Bald stießen jedoch weitere erfahrene Flieger zur CAT. Einer von ihnen war Eric Shilling, der zu den ersten Flying Tigers gehört hatte, bis er 1942 ausgeschieden und nach Amerika zurückgekehrt war. Dann war er nach China zurückgegangen, um bei der China National Aviation Corporation zu fliegen. Im Jahre 1947 wurde er jedoch mit zwölf weiteren ehemaligen Flying Tigers aus der Fluggesellschaft entlassen. Shilling unterschrieb sofort einen neuen Vertrag bei seinem alten Chef Chennault. In kurzer Zeit wurde er Chefpilot und später Leiter der Operationsabteilung der CAT, wobei er seine Routinetätigkeit durch gelegentliche wagemutige Einsätze auflockerte.

Als die Nationalchinesen unter dem militärischen Druck der Kommunisten eine Stadt nach der anderen aufgeben mußten, flog Shilling in das umkämpfte Linfen, um den dortigen CAT-Flugleiter Jim Stewart zu retten. Er landete mit einem winzigen einmotorigen Sportflugzeug des Typs Stinson L-5 auf einem Exerzierplatz in der belagerten Stadt. Dort wurde er von einem chinesischen General gebeten, er solle auch dessen Tochter mitnehmen. Shilling war einverstanden. Aber sein Flugzeug erlitt beim Start einen Motorschaden, und als er eine Kehrtwende flog und landen wollte, um den Motor zu reparieren, war der Exerzierplatz voller durcheinanderlaufender Menschen. Da Shilling nicht landen konnte, mußte er in kaum zehn Meter Höhe über die kommunistischen Schützengräben hinweg auf eigenes Gebiet zurückfliegen. Die Soldaten waren über das tieffliegende Flugzeug so verblüfft, daß sie nicht schossen. Shilling und seine Passagiere erreichten ihren Zielort unversehrt.

Bei einem noch riskanteren Fluchtunternehmen waren insgesamt fünf CAT-Piloten in ein verwirrendes Bäumchen-wechsle-dich-Spiel verwikkelt, bei dem sie von Captain James B. McGovern, der farbigsten Gestalt unter ihnen, angefeuert wurden. Der im ganzen Fernen Osten als „Erdbeben McGoon“ bekannte bärtige McGovern wog über 130 Kilogramm. Auf Flügen aß er ständig Erdnüsse, bis die Schalen den Boden des Cockpits in einer hohen Schicht bedeckten. Er landete stets mit hochgezogenem Heck

– wegen seines gewaltigen Leibesumfangs konnte er den Steuerknüppel nicht weiter als bis zu den Knien nach hinten ziehen.

McGoon hatte die CAT-Piloten Alvin L. Burridge und John R. Plank nach Weihsien geflogen, damit sie dort Unterlagen der Fluggesellschaft in Sicherheit bringen konnten. Als die beiden durch kommunistische Truppen abgeschnitten wurden, zogen sie sich auf einen von Mauern umgebenen Schulhof zurück und funkten der CAT ihre Notlage. Da Chennault sich im Ausland befand, wurde die Rettungsoperation von Whiting Willauer, dem geschäftsführenden Vizepräsidenten der Fluggesellschaft, von einem etwa 130 Kilometer von Weihsien entfernten Luftstützpunkt in Tsingtau aus geleitet. Willauer schickte Richard B. Kruske, einen seiner Piloten, mit einem Zweisitzer des Typs L-5 in die belagerte Stadt. Kruske nahm Burridge an Bord, aber beim Start raste er gegen eine Mauer. Am nächsten Tag flog Edwin L. Trout eine weitere L-5 ein, deren Luftschraube jedoch schon bei der Landung zersplitterte.

Damit saßen vier Piloten fest. McGoon erschien mit einem Frachtflugzeug des Typs C-47 über ihnen und warf eine neue Luftschraube ab. Kruske und Burridge reparierten ihre Maschine und flogen aus, so daß zwei Mann zurückblieben. Robert Rousselot landete mit einer L-5; wenig später folgte Marshall Staynor mit einer Piper Cub. Staynor und Trout gelang der Start mit der Cub – sie flogen nach Tsingtau –, aber Rousselots L-5 knallte gegen eine Mauer. Staynor landete nun erneut mit der Cub, deren Luft-

Im Jahre 1948 montieren Flugzeugmechaniker in Taijuan in China eine Stinson L-5 für den amerikanischen Piloten Eric Shilling. Mit dieser Maschine sollte Shilling wenig später nach Linfen fliegen, um seinen Kollegen Jim Stewart und die Tochter eines nationalchinesischen Generals vor den rasch vorrückenden Kommunisten auszufliegen.

Eric Shilling (links) und Jim Stewart in Taijuan nach Stewarts Rettung aus Linfen. Beide Männer arbeiteten bei Claire Chennaults Civil Air Transport (CAT), einer Fluggesellschaft, die aus Chennaults Flying Tigers des Zweiten Weltkrieges entstanden war und Verpflegung und Munition für nationalchinesische Truppen transportierte.

schraube diesmal bei der Landung zersplitterte. McGoon erschien und warf eine weitere Luftschraube sowie einige leere Bierflaschen ab, die im Fallen wie Bomben heulten und die feindlichen Truppen in Deckung zwangen. Diesmal versuchte Plank sein Glück: Er schaffte den Start mit der Cub, während Staynor und Rousselot zurückblieben. Dann kam Kruske mit der Cub zurück und holte Staynor ab. Rousselot blieb allein zurück.

Unterdessen zogen die kommunistischen Truppen den Belagerungsring um Weihsien enger, und für das Rettungsunternehmen blieb nicht mehr viel Zeit. Willauer, der die Ereignisse in Tsingtau über Funk verfolgte, schickte nachts mehrere Frachtflugzeuge los, die kleine Bomben abwarfen. Am nächsten Morgen landeten Kruske mit einer L-5 und Staynor mit der Cub. Da Rousselot erheblich gewichtiger als die beiden anderen Piloten war, starteten Staynor und Kruske mit der L-5 und überließen dem schwereren Rousselot die Cub für sich allein. Während die ganze CAT den Atem anhielt, gelang Rousselot endlich ein sicherer Start. McGoon, der mit seiner C-47 über ihm kreiste, warf zum Abschied noch einige leere Bierflaschen auf die feindlichen Truppen ab.

Im Juni 1948, als die CAT vier Millionen Tonnen Nachschub pro Monat beförderte, verloren Tschiang Kai-scheks Truppen immer schneller an Terrain. Chennault flog Lebensmittel, Waffen und Munition zu eingeschlossenen nationalchinesischen Garnisonen. Aber ihre Sache war trotz seiner Bemühungen verloren. Als die Nationalchinesen schließlich Ende 1949 das Festland verlassen und sich nach Taiwan zurückziehen mußten, begleitete sie die CAT und trat damit in eine neue Phase ein.

Chennault war fest entschlossen, alles in seiner Macht Stehende zu tun, um den Fortbestand der CAT zu sichern und die nationalchinesische Sache zu fördern. Er bemühte sich in Washington um finanzielle Unterstützung und erhielt sie auf inoffiziellen Wegen – vom CIA. Als Fluggesellschaft stellte die CAT für die neugebildete CIA eine ausgezeichnete Tarnorganisation für geheime Operationen im gesamten Fernen Osten dar. Deshalb verwendeten CIA-Führungskräfte, denen Chennaults Finanznöte bekannt waren, Mittel aus einem Geheimfonds, um durch die in Delaware beheimatete Holdinggesellschaft Airdale Corporation eine Beteiligung an der CAT zu erwerben. Im Jahre 1950 übernahm die CIA die CAT ganz und machte sie zum Bestandteil einer Abteilung für ihre in starkem Maße zunehmenden Luftoperationen im asiatischen Raum, die von einer Holdinggesellschaft mit Namen Pacific Corporation koordiniert wurden.

Claire Chennault verriet niemals, daß die CAT seitdem keine private Fluggesellschaft mehr war, die in ganz Asien Fracht und Passagiere beförderte. Aber die stille Teilhaberschaft entsprach seiner Gesinnung. Der kommunistische Sieg in China hatte ihn erbittert, und er forderte wiederholt die Aufstellung einer neuen American Volunteer Group (AVG), neuer Flying Tigers, zum Kampf gegen den Kommunismus und zur Vorbereitung der Rückkehr von Generalissimus Tschiang auf das Festland. Chennault setzte sich in Washington dafür direkt und durch sympathisierende Journalisten ein, ohne jedoch die Unterstützung des Kongresses gewinnen zu können. Er verfügte bereits über eine rudimentäre Fliegertruppe, die allerdings mit Frachtflugzeugen statt mit Jägern ausgerüstet war. Er nutzte sie so gut wie möglich, indem er CAT-Flugzeuge und -Piloten mit geheimen CIA-Aufträgen weit ins kommunistische Gebiet schickte, um nationalchinesische Sabotagetrupps und Guerillaeinheiten zu unterstützen.

Eric Shilling flog viele solcher Einsätze über China. Er startete im allgemeinen vom Luftstützpunkt Clark auf den Philippinen und stieß manchmal bis über Tschengtu in der zentralchinesischen Provinz Szetschuan hinaus vor, bevor er schließlich auf einem Luftstützpunkt in Taiwan

Amerikanische Piloten der CAT nehmen im Jahre 1948 gemeinsam eine Mahlzeit ein. Sie wirkten an der Aufrechterhaltung der Luftbrücke mit, über die nationalchinesische Flüchtlinge aus Mukden ausgeflogen wurden. Die Piloten brachten nicht nur Menschen aus den von den Kommunisten bedrohten Städten in Sicherheit, sondern auch Wertsachen und Maschinen.

Auf dem südlichen Flugplatz von Mukden stehen Flüchtlinge Schlange, um zu einem Evakuierungsflug an Bord von Maschinen der Civil Air Transport zu gehen. Da die meisten Plätze für nationalchinesische Soldaten reserviert waren, konnte nur ein geringer Teil der Zivilisten mitfliegen.

landete. Diese waghalsigen Flüge, durch die antikommunistische Guerillagruppen aus der Luft versorgt wurden, führten gelegentlich bis zu 15 Stunden lang über rotchinesisches Gebiet.

Einmal flog Shilling mit einer DC-4 nach Okinawa, um einen nationalchinesischen Agenten abzuholen, den er tief im Inneren Chinas absetzen sollte. Auf dem Flug von Okinawa zum Festland blieb er in etwa 150 Meter Höhe über dem Meer. Ungefähr 65 Kilometer vor der Küste ging er bis auf zehn Meter hinunter, um das chinesische Radar zu unterfliegen. Es war Nacht, aber trotz der Dunkelheit würde er in geringer Höhe weiterfliegen, bis er das Festland wieder verließ.

Bei einigen von Shillings früheren Flügen waren die mit dem Fallschirm abgesprungenen Agenten von kommunistischen Gruppen empfangen worden, und Shilling vermutete eine undichte Stelle im nationalchinesischen Geheimdienst. Deshalb schlug er dem Agenten vor, an dem verabredeten Absetzpunkt vorbeizufliegen; Shilling wollte ein geeignetes Gebiet in nächster Nähe aussuchen, wo niemand im Hinterhalt liegen konnte. Nachdem die DC-4 etwa 150 Kilometer weitergeflogen war, würden sie zurückkommen, damit der Agent über dem Ausweichgebiet abspringen konnte. Der Agent war einverstanden.

Sie überquerten die Küste südlich von Schanghai und flogen landeinwärts weiter. Als sie die Provinzhauptstadt Hankou überflogen, erloschen unter ihnen die Lichter der Stadt. „Das zeigte uns, daß sie wußten, wir waren da", erinnerte Shilling sich später. „Ich blieb ruhig und gelassen, was zum Teil darauf zurückzuführen war, daß dieser Bursche mir geraten hatte, im Falle einer Notlandung bei ihm zu bleiben, weil er mich außer Landes bringen werde. Ich hatte Vertrauen zu ihm."

Sie flogen zum ursprünglichen Absetzpunkt bei Tschungking weiter – über 1400 Kilometer von der Ostküste Chinas entfernt. Shilling steuerte daran vorbei, wie er vorgeschlagen hatte, ging etwas höher und kehrte zu dem Ausweichgebiet zurück, das er auf dem Hinflug ausgesucht hatte. Der Agent stand an der offenen Frachtraumtür bereit und wartete darauf, daß das Sprungsignal schrillte. Als er es hörte, sprang er in die Nacht hinaus.

Shilling nahm Kurs auf Taiwan. Falls chinesische Abfangjäger auf der Lauer lagen, konnten sie nicht herangeführt werden, denn Shilling flog wiederum unentdeckt in nur zehn Meter Höhe über dem Meeresspiegel. Am nächsten Abend erfuhr er, wie wichtig seine Einsätze für die Nationalchinesen waren. Er war zum Abendessen bei Madame Tschiang eingeladen, die eine Schlüsselrolle in der Regierung ihres Mannes spielte.

„Meinen Glückwunsch", sagte sie, als Shilling das Präsidentenpalais außerhalb von Taipeh betrat.

Sobald er Gelegenheit dazu hatte, erkundigte er sich: „Wozu gratulieren Sie mir?"

„Ich beglückwünsche Sie zu einem guten Flug."

„Ich wußte gar nicht, daß Ihnen diese Flüge bekannt sind", gab Shilling zur Antwort.

„Ich bin erst zu Bett gegangen, als ich wußte, daß Sie sicher gelandet waren", antwortete Madame Tschiang.

Im Jahre 1950 wurden UNO-Truppen nach Südkorea entsandt, um eine Invasion der kommunistischen nordkoreanischen Truppen zum Stehen zu bringen. Als der Koreakrieg 1952 in vollem Gange war, hatte die CAT über 15 000 Nachschubeinsätze geflogen.

Das hektische Tempo der Einsätze verlangsamte sich keineswegs, als der Koreakrieg im Jahre 1953 zu Ende ging. Statt dessen wurde die CAT sofort zur Unterstützung der Franzosen nach Indochina abgeordnet. Nach fast

Amerikanische Söldnerpiloten in einer Fairchild C-119 werfen im März 1954 Munition für die in Dien Bien Phu belagerten Franzosen ab. „Das Feuer war mörderisch", sagte ein Pilot, der durch das Flakfeuer der Kommunisten geflogen war. „Der Abwurf mußte an einer bestimmten Stelle erfolgen, und bis dahin mußte man nur stillsitzen."

100 Jahren französischer Kolonialherrschaft kam es dort zu einer großen Kraftprobe zwischen vietnamesischen Freiheitskämpfern, den kommunistisch orientierten Vietminh, und der französischen Armee. In einem zwischen steilen Hügelrücken liegenden breiten Hochlandtal verteidigte die französische Fremdenlegion den befestigten Stützpunkt Dien Bien Phu.

Da die Vereinigten Staaten nicht bereit waren, Frankreich offen zu unterstützen, wurde die CAT vertraglich verpflichtet, heimlich militärische Unterstützung zu leisten, indem sie die belagerte Festung aus der Luft mit Nachschub versorgte. Die amerikanische Luftwaffe stellte C-119 Flying Boxcars zur Verfügung, die von 24 CAT-Piloten geflogen wurden, deren Uniform im allgemeinen aus Shorts und Hawaiihemden bestand. Aber sie flogen nicht freiwillig; wer nicht fliegen wollte, wurde entlassen. Sie erhielten ihre theoretische und praktische Unterweisung im japanischen Aschiya, bevor sie von dem französischen Luftstützpunkt Haiphong aus zu Versorgungsflügen mit den C-119 starteten.

Die französischen Luftstreitkräfte stellten keine tieffliegenden Begleitjäger, so daß die CAT-Piloten auf sich selbst angewiesen waren, wenn sie sich auf dem Weg nach Dien Bien Phu befanden. Sie flogen zwei Einsätze pro Tag – morgens und abends. Und das mörderische Flakfeuer der Vietminh erwartete sie jedesmal.

Eric Shilling, der dagegen protestierte, daß seine Kameraden und er bequeme Zielscheiben abgaben, schlug vor, nachts zu fliegen, wenn die Flakbedienungen ihre Ziele jeweils nur für kurze Zeit sehen konnten. Aber als die Piloten es versuchten, erschraken sie über die Sprengpunkte und Leuchtspurgeschosse in ihrer unmittelbaren Nähe so sehr, daß sie sich weigerten, weiterhin nachts zu fliegen. Das Abwehrfeuer war tagsüber zwar zielgenauer, aber die Piloten nahmen das höhere Risiko in Kauf, weil sie das Feuer weniger wahrnahmen und dadurch ruhiger blieben.

Der Nachschubabwurf war so gefährlich, weil die Vietminh Dien Bien Phu völlig eingeschlossen und ihre Flakgeschütze auf Höhenzügen in Stellung gebracht hatten, die auf zwei Seiten über der französischen Festung lagen. Die C-119 mußten bei mörderischem Dauerfeuer das Tal zwischen den Höhenzügen entlangfliegen, um Dien Bien Phu zu erreichen. Die Maschinen wurden viele Male von 3,7-cm-Granaten und 12,7-mm-Geschossen getroffen, die ihre Tragflächen und Rümpfe durchschlugen.

Aber „Erdbeben McGoon" verlor weder seine Großzügigkeit noch seinen Sinn für Humor. Bei seinen Nachschubflügen nahm McGoon oft Bier und Zigaretten mit – die er selbst bezahlte –, um sie für die Legionäre abzuwerfen. Manchmal beförderte er unbezahlte Rechnungen, die er dann über den Stellungen der Vietminh abwarf. Er hatte wie üblich kleine Mengen Genußmittel für die französischen Truppen an Bord, als er eines Nachmittags Anfang Mai 1954 mit fünf weiteren C-119 Nachschub nach Dien Bien Phu transportierte. Beim Flug durchs Abwehrfeuer der Vietminh hörten die Besatzungen der anderen Maschinen McGoons Kopiloten über Funk sagen: „Wir haben einen Volltreffer abgekriegt. Wo sind die Jäger, verdammt noch mal?"

Der erste Treffer hatte die Vorderkante von McGoons linker Tragfläche abgesprengt. Ein zweiter Treffer riß ein Loch in den rechten Leitwerksträger. McGoon, der verzweifelt darum kämpfte, das Flugzeug unter Kontrolle zu halten, kam kaum über die Höhenzüge hinweg, als er versuchte, nach Haiphong zurückzufliegen. Ein anderer Pilot fragte ihn, ob er glaube, es schaffen zu können. McGoons Stimme kam laut und klar aus dem Lautsprecher des Funkgeräts: „Kleinigkeit."

Aber die Maschine verlor immer mehr an Höhe. Schließlich streifte sie fast die Baumkronen. „Das war's wohl, mein Junge", sagte die Stimme über Funk. Die linke Tragfläche bohrte sich in einen Hang. Die Flying Boxcar überschlug sich langsam und explodierte dicht vor einem kleinen Landeplatz an einem Fluß.

Zwei Tage danach, am 7. Mai 1954, kapitulierten die Franzosen.

Als die Franzosen sich nach dem Fall von Dien Bien Phu aus Indochina zurückzogen, wurden die Vereinigten Staaten immer stärker in Bemühungen verstrickt, die dortigen Regierungen vor einer kommunistischen Machtübernahme zu schützen. Amerikanische Militärmissionen wurden in Südvietnam – das durch den Friedensvertrag von 1954 vom kommunistischen Nordvietnam abgetrennt worden war – und im benachbarten Laos errichtet. Es war eine Zeit der Veränderung und der Unruhe in ganz Südostasien. Chennault stand bis 1958 mitten im Kriegsgeschehen, bis er, von Lungenkrebs zerstört, heimkehrte und in einem Krankenhaus in New Orleans starb. Ein Jahr später wurden die internationalen Aufgaben der CAT neu strukturiert und die Abteilungen unter dem Namen Air America zusammengefaßt. Die Gesellschaft verblieb aber weiterhin in der vom CIA kontrollierten Pacific Corporation.

Kurz nach Chennaults Tod erschien ein Buch, das in Romanform die Veränderungen schilderte, die in Südostasien vor sich gingen. Das Buch wurde ein Bestseller und sollte weitreichende Folgen haben. Es stammte von William J. Lederer und Eugene Burdick und trug den beziehungsreichen Titel *Der häßliche Amerikaner.*

Zu den vielen aus dem wirklichen Leben gegriffenen Vorbildern für diesen Roman, der die amerikanische Unfähigkeit und die mißbräuchliche Verwendung amerikanischer Hilfslieferungen in einem fiktiven südostasiatischen Königreich behandelt, gehörte Willis H. Bird. Der amerikanische Nachrichtendienstoffizier Bird hatte sich im Zweiten Weltkrieg mit den führenden Widerstandskämpfern angefreundet, die nach dem Krieg die militärische und politische Führung Thailands übernahmen. Als Baulöwe und Börsenmakler hatte er in der Welt dunkler Geschäfte und asiatischer Korruption in Thailand und dem benachbarten Laos viel Geld verdient. Als *Der häßliche Amerikaner* erschien und schließlich bewirkte, daß Kongreßausschüsse die Praxis amerikanischer Hilfsleistungen durchleuchteten, gehörte Bird zu den Hauptbetroffenen, obwohl er nicht Regierungsbeamter, sondern privater Unternehmer war. Angeblich hatte er einem amerikanischen Beamten, mit dem er wegen des Baus öffentlicher Versorgungseinrichtungen in Laos zu tun hatte, Geschenke – auch Geldgeschenke – gemacht. Bird zog es vor, in Thailand zu bleiben und nicht in die Vereinigten Staaten zurückzukehren, wo ihn ein Gerichtsverfahren erwartet hätte. Dem Personal der amerikanischen Botschaft in der laotischen Hauptstadt Vientiane sollte Willis Bird lange in Erinnerung bleiben.

Es war kein Wunder, daß der Leiter der amerikanischen Hilfsmission in Vientiane sich eines Tages im Jahre 1960 einem Schlaganfall nahe fühlte, als er hörte, ein gewisser Bird wolle ihm ein Angebot für den Lufttransport amerikanischer Hilfsgüter in Laos unterbreiten. Aber der Bird, der in der amerikanischen Botschaft in Vientiane aufgetaucht war, hieß nicht Willis H. Bird, sondern William H. Bird und besaß ein Bauunternehmen in Seattle, Washington.

William Bird hatte den Grundstock zu seinem Vermögen während des Zweiten Weltkrieges als Steinbruchbesitzer und Bauunternehmer beim Flugplatzbau in der Panamakanalzone gelegt. Nach dem Krieg hatte er den Schwerpunkt seiner Tätigkeit auf die Philippinen verlegt, wo große Wiederaufbauprojekte in Angriff genommen wurden. Im Jahre 1959 wechselte er auf das südostasiatische Festland über, um Verhandlungen wegen des Baus einer wetterfesten Betonstartbahn auf dem Flughafen Wattai in der Nähe der laotischen Hauptstadt zu führen. Während seines Aufenthalts erkannte er, daß mit dem Lufttransport von Hilfsgütern Geld zu verdienen war. William Bird war die verblüffende Namensgleichheit herzlich gleichgültig. Ihm ging es lediglich um einen Vertrag für die Beförderung von Luftfracht im Rahmen des amerikanischen Hilfsprogramms. Aber der Botschaftsbeamte blieb unnachgiebig; er sei nicht bereit, sagte er, mit jemandem, der Bird heiße, zu verhandeln.

Er hatte nicht mit Bill Birds Hartnäckigkeit gerechnet. Bird flog nach Washington, DC, und erfuhr, daß alle Beförderungsaufträge ohne öffentliche Ausschreibung an die Air America vergeben werden sollten. Der Unternehmer ließ sich aber keineswegs entmutigen, sondern suchte einen Senator des Staates Washington, Warren Magnuson, auf. Wie Bird später berichtete, hörte Magnuson sich den Bericht seines Wählers an und führte dann ein Telephongespräch mit einem für Hilfsprogramme zuständigen Mann im Außenministerium. Als Magnuson erfuhr, daß die Air America tatsächlich alle Beförderungsaufträge für Laos erhalten sollte, schlug er nachdrücklich vor, auch andere Unternehmen zur Angebotsabgabe zuzulassen. Da Magnuson dem einflußreichen Haushaltsausschuß des Senats angehörte, durfte niemand es riskieren, seinen Vorschlag auf die leichte

Der Fehlschlag eines CIA-Unternehmens

Die Invasion in der Schweinebucht im Jahre 1961 war möglicherweise das größte Debakel in der Geschichte der Söldnerkriege. Das von einem Kritiker als „völlige Pleite“ bezeichnete Unternehmen wurde vom CIA aufgezogen, der eine Kampfgruppe aus über 1400 Exilkubanern, darunter etwa 50 Piloten, anwarb, ausbildete und ausrüstete, um Fidel Castro zu stürzen. Einige der Flieger erhielten weniger als 200 Dollar im Monat sowie gegebenenfalls eine Verheiratetenzulage. Als überzeugte Gegner der kommunistischen Herrschaft Castros kämpfen sie mehr aus Überzeugung als für Geld.

Einer Amphibienlandung an der Südküste Kubas sollten zwei Luftangriffe durch B-26 des CIA – die kubanische Hoheitszeichen tragen würden – vorausgehen. Die Bombenangriffe, durch die Castros Luftabwehr außer Gefecht gesetzt werden würde, sollten offiziell „Überläufern“ aus Castros Luftstreitkräften zugeschrieben werden. Als die Presse diese Kriegslist nach dem ersten Angriff am 15. April entlarvte, verzichtete die amerikanische Regierung auf den zweiten. Die kubanischen Luftstreitkräfte wurden umgruppiert, griffen am 17. April kurz vor Tagesanbruch die Invasionsflotte an und versenkten Unterstützungsschiffe, die Nachschub und Munition transportierten.

Die lediglich mit minimaler Luftunterstützung kämpfende Armee von Exilkubanern wurde durch kubanische Gegenangriffe innerhalb von drei Tagen aufgerieben.

Der kubanische Ministerpräsident Fidel Castro besichtigt am Strand in der Nähe der Schweinebucht das Wrack eines CIA-Bombers vom Typ B-26.

Hubschrauber der Air America nähern sich dem Airstrip Agony, einem Landeplatz auf einem laotischen Berg in der Nähe der Ebene der Tonkrüge. Die in Laos fliegenden Söldnerpiloten waren auf Hubschrauber und STOL-Flugzeuge angewiesen, weil es in ihren gebirgigen Einsatzgebieten nur wenige lange Start- und Landebahnen gab.

Schulter zu nehmen. Die Ausschreibung des Auftrags erfolgte, und Bill Bird bekam seinen ersten Vertrag.

Und so entstand die Bird Air – eine freizügig operierende internationale Fluggesellschaft und ein energisch zupackendes Unternehmen, das Fracht, Dschungelkommandos, Reissäcke und Geheimagenten in die laotische Wildnis einflog oder aus ihr herausholte. Die Fluggesellschaft trug ihren Namen zu Recht. Nur ein Vogel konnte auf einigen der Plätze landen, die von Bird-Air-Piloten angeflogen wurden. Die Landebahnen zogen sich in verrückten Kurven über die Berghänge, einige knickten in der Mitte rechtwinklig ab, andere waren kaum 25 Meter lang und lagen mitten in Mohnfeldern, deren Blüten hellrot, weiß und purpurfarben leuchteten. Das Unternehmen fing klein an, aber es wurde später so groß, daß es die Luftbrücke einrichten konnte, über die Hunderte von verzweifelten Flüchtlingen gerettet wurden, als Saigon 1975 fiel.

Bill Bird rechnete fest mit einem Vertragsabschluß und kaufte ein zum Transporter umgebautes klapperiges altes amerikanisches Militärschulflugzeug. Die zweimotorige Maschine stand damals auf dem Flugplatz Wattai bei Vientiane und hatte ausgerechnet Willis Bird gehört, der das Flugzeug von dem Piloten R. L. „Dutch" Brongersma hatte fliegen lassen. Zum Glück für die Bird Air wechselte auch Brongersma als Leiter der Operationsabteilung zur neuen Fluggesellschaft.

„Dutch" Brongersma war vermutlich der beste Söldnerpilot in ganz Asien. Er war gemeinsam mit Eric Shilling und „Erdbeben McGoon" für die CAT nach Dien Bien Phu geflogen. Einige Monate später, gegen Ende

Auf der laotischen Lima Site 85, einem steil abfallenden Gebirgslandeplatz, rollt eine Helio Courier der Air America an, um bergab zu starten. „Man machte keine Fehler", sagte ein Pilot, „denn wer welche machte, flog gegen einen Berg oder wurde abgeschossen. Leute, die sich Fehler leisteten, überlebten bei den Schwierigkeiten nicht lange."

1954, war er an einem geheimen Evakuierungsunternehmen zur Rettung einiger Nationalchinesen beteiligt gewesen, die sich in Südostasien als Opiumhändler niedergelassen hatten, nachdem sie von den Kommunisten aus China vertrieben worden waren. Er hatte außerdem geheimnisvolle Versorgungsflüge über Nordburma nach Tibet hinein absolviert und war an Geheimunternehmen in China beteiligt gewesen. Außerdem hatte er in Erfüllung humanitärer Aufträge Bergstämme besucht, die noch nie ein Flugzeug oder einen Weißen gesehen hatten. Viele der winzigen Urwaldlandeplätze, die Brongersma zwischen Tibet und dem Südchinesischen Meer kennenlernte, wuchsen zu und verschwanden, ohne jemals von einem zweiten Weißen gesehen worden zu sein. Als ehemaliger Pilot des US-Marinekorps, der Landungen auf schlingernden Trägerdecks gewohnt war, besaß Brongersma einen untrüglichen Blick für völlig ungeeignet scheinende Landeplätze im Bergdschungel.

Derartige Fähigkeiten sollten bald sehr gefragt sein. Anfang der sechziger Jahre war die französische Kolonialherrschaft in Laos längst durch eine Politik der Einflußnahme seitens der Vereinigten Staaten abgelöst worden, die sich verzweifelt bemühten, die angeschlagene laotische Regierung davor zu bewahren, durch die kommunistischen Rebellen des Pathet Lao gestürzt zu werden. Laos erhielt große Mengen amerikanischer Militärhilfe, und als der Guerillakrieg im Wechsel von Trockenzeit und Monsunperiode hin und her wogte, wurde der Bedarf an Dschungellandeplätzen, Frachtflügen, Reisabwürfen und Waffentransporten immer größer. Die Bird Air entwickelte sich bald zu einem Großunternehmen.

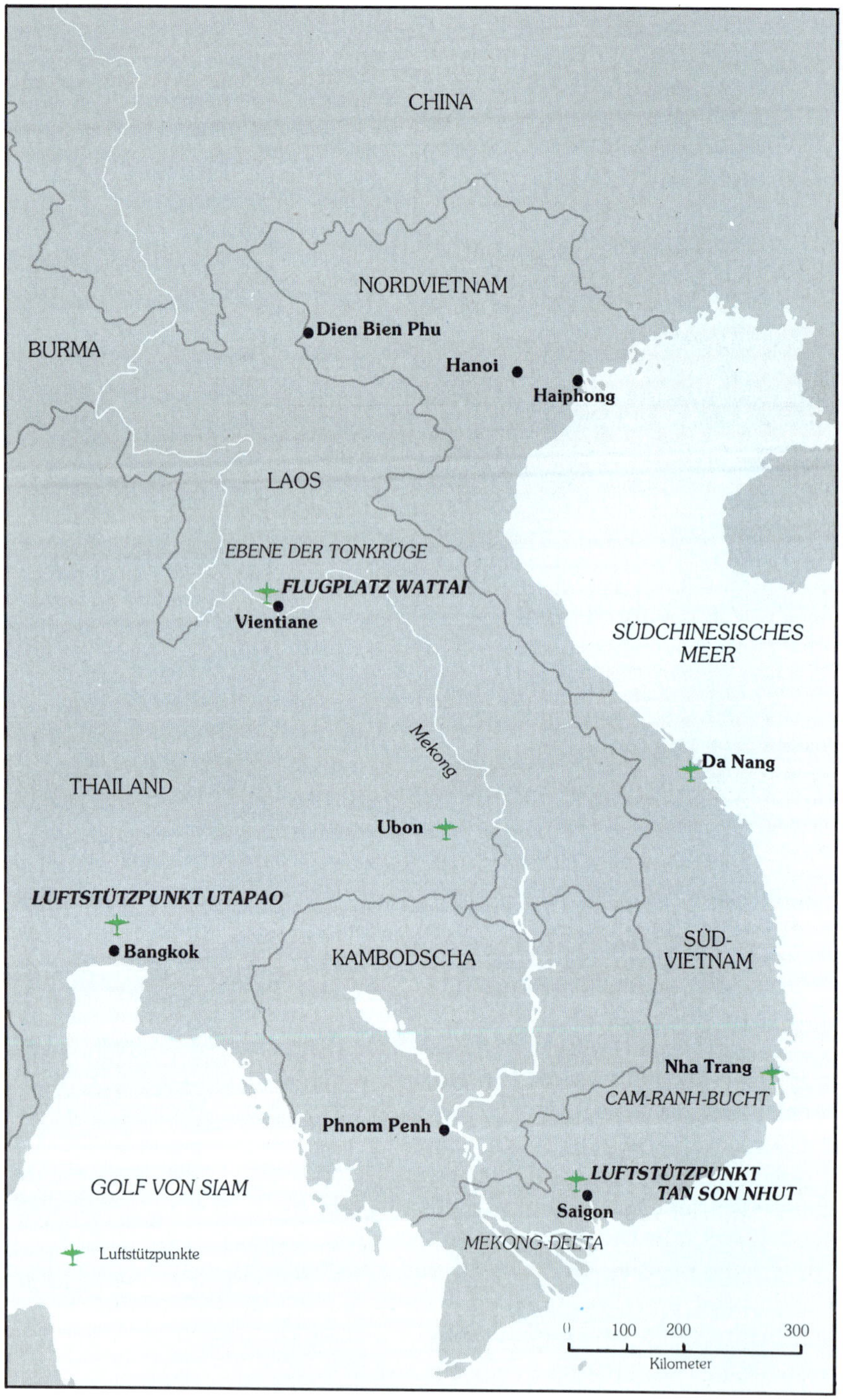

Nach dem Zweiten Weltkrieg gab es für Söldnerpiloten drei Jahrzehnte lang reichlich, wenn auch gefährliche Arbeit in Südostasien, als die Großmächte und die von ihnen unterstützten Staaten dort um die Vorherrschaft kämpften. Die Karte zeigt Grenzen und Ortsnamen von Anfang 1975.

Die Maschinen der Fluggesellschaft wurden eigens im Hinblick auf ungewöhnliche Anforderungen bei Urwaldflügen ausgesucht. Für riskante Landungen auf winzigen Plätzen kaufte Bird STOL-Flugzeuge, die auf unglaublich kurzen Pisten starten und landen konnten. Zu den beliebtesten STOL-Flugzeugen in Südostasien gehörte die amerikanische Helio Courier. Aber trotz ihrer Vorteile – beispielsweise konnte sie 250 Stundenkilometer schnell oder 50 Stundenkilometer langsam fliegen – war die Helio Courier schwierig zu beherrschen. „Auf dieses Ding mußte man ständig aufpassen, sonst hat's einen erwischt", beklagte sich ein Pilot der Air

R. L. „Dutch" Brongersma, ein begabter Söldnerpilot, überprüft seine Dornier Do 28 von der Bird Air vor dem Start in Vientiane, Laos. Obwohl die von ihm geflogenen Transportflugzeuge häufig Treffer erhielten, ließen ihn die Risiken kalt.

America. Daher kaufte Bill Bird als Ersatz andere STOL-Flugzeuge, wobei er mit zweimotorigen deutschen Maschinen des Typs Dornier Do 28 begann. Dann entdeckte „Dutch" Brongersma in Europa die Pilatus Porter, ein für den Einsatz in den Schweizer Alpen konstruiertes einmotoriges Schweizer Flugzeug. Bird kaufte zwei dieser Flugzeuge, die er damit erstmals in Indochina einführte, und ging dann auf das mit einer leistungsfähigeren französischen Propellerturbine ausgerüstete Muster über. Später kaufte er alle zwei Monate eine Turbo-Porter, um die unvermeidlich zu Bruch gehenden Maschinen ersetzen zu können.

Bei starkem Gegenwind konnte die Porter fast senkrecht landen oder starten und kam mit winzigen Plätzen aus. Das war bei den Kämpfen in Laos entscheidend; es gab dort keine klaren Fronten, und feindliche Guerillas tauchten häufig aus dem Dschungel am Ende der Startbahn auf und überschütteten die kleinen Flugzeuge mit einem Feuerhagel aus Maschinenwaffen. Ein Pilot der Air America wollte einmal eine Gruppe von Bergbewohnern retten, die er für unbewaffnete Eingeborene hielt. Er setzte zur Landung auf einem winzigen Platz in den Bergen an, um die Männer an Bord zu nehmen – als sie plötzlich Maschinenpistolen hochrissen und aus nächster Nähe das Feuer eröffneten. Wie durch ein Wunder gelang es ihm abzudrehen, ohne getroffen zu werden.

Bird büßte viele Maschinen des Typs Porter auch ohne Feindeinwirkung ein und wollte den Grund dafür herausbekommen. Auch die Pilatus-Flugzeugwerke waren daran interessiert und entsandten ihren Chefpiloten aus der Schweiz nach Indochina. Eric Shilling, der unterdessen als STOL-Chefpilot zur Bird Air gekommen war, machte mit dem Schweizer einen Rundflug in einer Porter. An einem Tag brachten die beiden 16 Kurzstarts und -landungen auf verschiedenen Urwald- und Bergpisten hinter sich. Abends erklärte der Schweizer dann Bird: „Ihre Flugzeuge, Ihre Piloten,

Ein zuverlässiger Bergvogel

Die Pilatus Porter – ein von einer Schweizer Firma für den Einsatz bei beengten Landemöglichkeiten im Gebirge konstruiertes und gebautes Flugzeug – erwies sich als unersetzlich für amerikanische Söldnerpiloten, die im Auftrag des CIA in dem mit Dschungel überzogenen laotischen Bergland Transportflüge durchführten. Dank ihrer beispielhaften STOL-Eigenschaften (Short Takeoff and Landing, d. h. Kurzstart und -landung) kam die Porter mühelos mit sehr kleinen Landepisten an steilen Berghängen oder auf Urwaldlichtungen aus. Eine große Flügelfläche – 28,80 Quadratmeter – und Spaltklappen an den hinteren Tragflächenkanten versetzten den Piloten in die Lage, selbst den schwächsten Gegenwind auszunutzen und mit der Maschine nach etwa 110 Meter Rollstrecke abzuheben. Die aerodynamisch hervorragend durchkonstruierte Porter konnte in einem Winkel von 40 bis 45 Grad steigen und erreichte eine Anfangssteiggeschwindigkeit von 8,5 Metersekunden. Und die Landungen waren nicht weniger eindrucksvoll. Nachdem der Pilot mit bis zu 17 Metersekunden heruntergegangen war, konnte er kurz vor dem Aufsetzen durch eine Negativ-Einstellung der Luftschraubenblätter eine solche Bremswirkung erzielen, daß das Flugzeug nach weniger als 25 Meter Rollstrecke zum Stehen kam.

Auch im Flug war die Porter stabil und gut beherrschbar, so daß ein Pilot, ein Veteran dreier Kriege, zu dem begeisterten Gesamturteil kam: „Ich bin niemals mit einem so sicheren, zuverlässigen und berechenbaren Flugzeug geflogen."

PC-6 PILATUS TURBO-PORTER
Die von einer 500-PS-Propellerturbine angetriebene Pilatus Turbo-Porter bei einem für diese Maschine charakteristischen Steilstart. Die manchmal als „Jeep der Lüfte" bezeichnete Turbo-Porter konnte auf jedem Flug über eine Tonne Fracht oder bis zu zehn Passagiere befördern.

Ihre Verfahren und Ihre Wartung sind in Ordnung. Nicht in Ordnung ist die Tatsache, daß von unseren sechzehn Landungen nur zwei auf Plätzen stattgefunden haben, für die die Pilatus Porter konstruiert ist. Die übrigen waren so kurz, so steil, so schwierig oder so krumm, daß es nur eine Frage der Zeit ist, wann der nächste Unfall passiert."

Unabhängig von dem Flugzeugtyp, den sie gerade flogen, waren die Piloten ständig Gefahren ausgesetzt. Jim Campbell, zuvor Pilot der China National Airways, und Harry Reno, ein ehemaliger Pilot der staatlichen koreanischen Fluggesellschaft, flogen nach einem Reisabwurf mit einer C-46 der Bird Air in eine Wolke ein. Die Wolke verbarg einen Berg.

Jim Fore erlebte den spektakulärsten Absturz. Er flog einen zum Frachtflugzeug umgebauten ehemaligen PV-2-Bomber der amerikanischen Marine und hatte versäumt, sich davon zu überzeugen, daß auf dem abgelegenen Landeplatz die richtigen Rauchsignale gegeben und die mit Kodeziffern versehenen Markierungen ausgelegt waren, bevor er zur Landung ansetzte. Der Feind hatte den Platz besetzt und empfing Fore mit heftigem Flakfeuer. Die PV-2 geriet in Brand, und die Besatzung sprang mit Fallschirmen ab – nur Jim Fore nicht. Er konnte das Cockpit nicht verlassen, weil der Gang hinter ihm lichterloh brannte. Als Fore sich durch den engen Notausstieg über dem Pilotensitz zwängte, blieb er mit dem Fallschirm hängen. Dann sah er, daß die Maschine auf einen Hügel zuraste. Er riß verzweifelt an der Aufziehleine und wurde von dem sich öffnenden Fallschirm aus der Luke gerissen. Das Flugzeug prallte auf und explodierte, während Fore am Fallschirm hängend nach rechts gerissen

Schwarzer Rauch quillt aus dem Wrack einer Pilatus Porter, die im Jahre 1963 unmittelbar nach dem Start in Vientiane abgestürzt ist. Der Pilot, der zu einem Probeflug gestartet war, weil er hoffte, eine Stellung bei der Bird Air zu bekommen, überlebte wie durch ein Wunder, obwohl er schwere Verbrennungen erlitten hatte.

wurde. Als er nach links zurückpendelte, hatte er plötzlich festen Boden unter den Füßen. Er war kaum 100 Meter von den brennenden Trümmern seiner Maschine entfernt gelandet.

Fores Maschine war eines von nur zwei Flugzeugen, die die Bird Air in 15jähriger Tätigkeit in Laos durch Feindeinwirkung verlor. Die andere Maschine war eine Camair, deren Pilot sich verflogen hatte und über feindlichem Gebiet abgeschossen wurde. Das Schicksal des Piloten wurde nie aufgeklärt, aber die Flächentanks seines Flugzeugs wurden in der nordvietnamesischen Hauptstadt Hanoi von den Kommunisten als Siegestrophäen ausgestellt.

Die 22 weiteren Flugzeuge, die Bird in Laos verlor, gingen auf Grund von Bedienungsfehlern der Piloten zu Bruch – im allgemeinen bei falsch angesetzter Landung auf schlechten Plätzen oder schlechtem Wetter über schwierigem Gelände. Aber für einige der Piloten machten sich die Risiken bezahlt; manche von ihnen verdienten bis zu 50 000 Dollar im Jahr – und genossen noch dazu den Nervenkitzel.

Bis zum Jahre 1965 hatte die Bird Air jedoch so hohe Flugzeugverluste erlitten, daß ihr Versicherungsvertrag gekündigt wurde. Daran waren nicht nur die mit der Fliegerei in Laos schon an sich verbundenen Gefahren schuld. Auch das Format der Piloten hatte sich geändert, und die neuen Männer, die als Söldnerpiloten nach Laos kamen, bewährten sich nicht. Anfangs schienen sie fähige Piloten zu sein; einige von ihnen waren ehemalige Agrarflieger. Aber bei vielen stellte sich heraus, daß ihnen die fürs Überleben in Laos nötigen fliegerischen Grundlagen fehlten. Über der Dschungelwildnis gab es keine Navigationshilfen; die Piloten mußten das Gelände und die ungewohnten Wetterverhältnisse im Kopf haben, auf Signale vom Boden achten und ständig vor dem Feind auf der Hut sein. Das war „Mit-dem-Hosenboden-Fliegen“ in seiner anspruchsvollsten Form. Selbst für Routiniers wie Shilling und Brongersma war das schwierig; für viele Neue aber war es unmöglich.

Bill Bird wußte, daß sein Unternehmen ohne Versicherungsschutz nicht lange gewinnbringend weiterfliegen konnte. Zum Glück bot sich ihm bald ein eleganter und sehr lukrativer Ausweg. Gemäß den Bestimmungen eines Abkommens zwischen den Vereinigten Staaten und der Sowjetunion besaß die amerikanische Luftwaffe keine Stützpunkte in Laos. Amerikanische Jagdbomber und Hubschrauber, die jenseits des Mekong in Thailand stationiert waren oder aus Vietnam kamen, griffen Ziele in Laos an. Aber der „normale“ Luftverkehr in dem von Kriegswirren zerrissenen Land – falls noch irgend etwas in Laos normal genannt werden konnte – blieb zivilen Charterfluggesellschaften vorbehalten.

Die Bird Air und das CIA-Unternehmen Air America teilten sich die amerikanischen Regierungsaufträge untereinander auf. Aber Robert F. Six, der energische Präsident der Continental Airlines in Los Angeles, interessierte sich schließlich auch für den Luftverkehr in Laos. Daß die Air America von der CIA kontrolliert wurde, war in der Branche ein offenes Geheimnis, und Bob Six fand, das Unternehmen treibe unlauteren Wettbewerb, wenn es sich um Staatsaufträge bewerbe, obwohl es sich in Wirklichkeit im Besitz einer Bundesbehörde befinde. Seine Gesellschaft hatte bereits Verträge mit der Behörde für militärische Lufttransporte über Truppentransporte nach Vietnam; Six wollte das Streckennetz in Asien ausbauen und die Verkehrsrechte für eine zivile Transpazifikroute sichern. Er engagierte Pierre Salinger, der Präsident John F. Kennedys Pressesekretär gewesen war, als Lobbyisten für Continental. Im Jahre 1965 gestattete der CIA Six, in Laos die private Bedarfsfluggesellschaft Continental Air Services aufzubauen. Dann bot Six Bird 4,2 Millionen Dollar für die Bird

Air. Bird nahm das großzügige Angebot an, und die mit einfachsten Mitteln im Dschungel operierende Frachtfluggesellschaft wurde auf diese Weise Bestandteil eines Großunternehmens.

Birds Piloten, darunter auch „Dutch" Brongersma, wurden von den Continental Air Services übernommen. Den erweiterten Flugbetrieb leiteten Brongersma und Bob Rousselot, der CAT-Pilot, der 1948 bei dem „Bäumchen-wechsle-dich-Spiel" in Weihsien als letzter ausgeflogen war. Bill Bird baute weiterhin Flugplätze und ließ die Finger von den „Starrflüglern". Drei Jahre später gründete er eine neue Bird Air, die jedoch nur Hubschrauber flog. Es war erheblich einfacher, mit einem Hubschrauber auf abgelegenen Urwaldlandeplätzen aufzusetzen.

Unabhängig davon, ob sie Hubschrauber oder Starrflügler flogen, interessierten die meisten der in Indochina arbeitenden Zivilpiloten sich nur am Rande für den Spionageaspekt mancher ihrer Einsätze. Für sie waren CIA-Geheimagenten nur Fluggäste, die einen erst etwas angingen, wenn sie irgendwohin geflogen werden mußten. Aber während die Fliegerei als solche sonst durchweg Routinesache war, wurde sie durch die CIA-Beteiligung oft kompliziert genug.

Neil Hansen war Buschpilot in Kanada gewesen und flog ein Geschäftsreiseflugzeug für James R. Hoffa, den Vorsitzenden der amerikanischen Transportarbeitergewerkschaft, als er Mitte der sechziger Jahre beschloß, in Übersee bei der Air America zu fliegen. Als er auf sein Bewerbungsschreiben keine Antwort erhielt, rief er die Hauptverwaltung in Washington an und erfuhr, daß die Air America im Augenblick keine Piloten einstelle. Am nächsten Tag bekam Hansen jedoch überraschend einen Anruf von dem Personalchef der Fluggesellschaft.

„Wann können Sie anfangen?" fragte er.

„Ich habe zwei Wochen Kündigungsfrist", antwortete Hansen.

„Gut. Ich habe ein paar Fragen", sagte der Manager. „Können Sie gut fliegen?"

„Ich bin gestern in Washington gewesen und bin heute in Chicago – und ich bin die ganze Strecke geflogen", erwiderte Hansen, der sich fragte, ob das alles ein Scherz sein solle.

„Trinken Sie viel?"

„Ich bin jetzt nüchtern und muß zurückfliegen."

„Okay, wir schicken Ihnen die Tickets und etwas Geld", entschied der Personalchef der Air America.

Hansen fragte, ob er zur Vorstellung nach Washington kommen solle. Er erhielt die Antwort, das sei überflüssig.

Hansen war etwas exzentrisch und paßte nach Laos – tatsächlich wurde er dort für kurze Zeit Mönch in einem buddhistischen Kloster. Die Piloten fanden den Krieg verwirrend, und ihre eigenen Lebensbedingungen waren es kaum weniger. Sie mochten die Laoten und betrachteten sie liebevoll oder respektlos als eine Art Liliputaner. Auf amerikanischen Militärstützpunkten in Indochina, die von den Piloten angeflogen wurden, kostete die Flasche Whisky weniger als zwei Dollar, und dienstfreie Piloten machten Vientiane in Begleitung anschmiegsamer laotischer Mädchen aus Etablissements wie dem White Rose oder Madame Lulu's unsicher. Die Piloten sollten zwölf Stunden vor einem Einsatz nüchtern bleiben. Aber die Bestimmung wurde manchmal ebenso ignoriert wie die Vorschrift, daß sich keine Schußwaffen an Bord befinden durften. Einige Piloten hatten israelische Uzi-Maschinenpistolen in ihren Cockpits versteckt.

Laos bot Gelegenheit, die Fliegerei aus der Zeit der Kampfflieger des Ersten Weltkrieges nachzuerleben. Im Zeitalter riesiger Jets und komplizierter Bordelektronik kam der Flug mit einer Pilatus Porter der Fliegerei mit einer Fokker Dr. I oder Sopwith Camel noch sehr nahe. Hansen gewöhnte sich rasch und leicht an seine neue Aufgabe und war so eigenartig und auffallend, daß er von seinen Kameraden den Beinamen „Weird" (Unheimlicher) bekam; später diente er als Vorbild für eine Romanfigur mit demselben Spitznamen in John Clark Pratts *The Laotian Fragments*, einem nur wenig verfremdeten Schlüsselroman über den Laoskrieg. Hansen trug meistens eine Sonnenbrille, ließ sich die Haare lang wachsen und protzte mit einem Goldarmband sowie einer goldenen Rolex-Uhr, die alle Air-America-Piloten in Laos zu tragen schienen – vermutlich um sich damit freizukaufen, falls sie gefangengenommen wurden.

Ältere Routiniers als Hansen waren ebenso auffällig. Zu den ehemaligen Flying Tigers aus dem Zweiten Weltkrieg gehörte Art Wilson, der auf der gefährlichen Himalajaroute zwischen China und Indien Fracht geflogen hatte. Er war als „Shower Shoes" (Badesandalen) bekannt, weil er im Cockpit stets Sandalen mit Gummiriemen trug. Wilson war in China zur Welt gekommen, dort aufgewachsen und in Asien geblieben – zuerst bei der CAT, dann bei der Air America –, wo er es auf 15 000 Flugstunden mit der C-46 brachte. Er hatte auch eine asiatische Vorliebe für *baluts*, in der Schale gedünstete unausgeschlüpfte Entenküken, die ganz verzehrt werden und auf den Philippinen als Delikatesse gelten.

Wilson und andere erfahrene, unerschrockene Flieger wie Eric Shilling und „Dutch" Brongersma wurden von den forschen jungen Hubschrauberpiloten, die freiberuflich für die Air America und die Bird Air arbeiteten, nachdem sie in Vietnam beim amerikanischen Marinekorps gedient hatten, als Veteranen längst vergangener Zeiten betrachtet. Die Hubschrauberpiloten hielten zusammen und zogen das Hotel Apollo in Vientiane, das mit einem der beiden Aufzüge von ganz Laos prunken konnte, den ruhigen Häusern und Wohnungen der meisten älteren Piloten vor. Im Gegensatz zu den alten Routiniers, die im allgemeinen zurückhaltend waren und ihre Trinkerei ruhig und konzentriert angingen, lärmten die Hubschrauberpiloten lautstark wie eine Herde kreischender Affen. Sie ärgerten sich über die gelangweilte, wissende Art der Oldtimer und fanden, sie hätten den Anschluß an die moderne Kriegführung verpaßt. Sie waren der Überzeugung, selbst an der Spitze der technischen Entwicklung mitzumarschieren. Obwohl sie bereitwillig zugaben, Söldner zu sein, hielten sie sich für etwas Besseres als andere Glücksritter, weil sie nicht nur für Geld oder für jede beliebige Sache fliegen wollten. Es wäre ihnen schwergefallen, ihre Arbeit zu tun, wenn sie dafür nicht von ihrem eigenen, sondern von einem fremden Land besoldet worden wären.

Den Wert des Geldes kannten sie allerdings. „Die meisten Jungs bildeten sich ein, die Welt zu retten", stellte einer der Hubschrauberpiloten fest, „aber sie hätten es nicht für nur tausend Dollar im Monat getan. Es ist viel leichter, die Welt für viertausend zu retten." Trotz dieses Generationskonflikts war es Ehrensache, daß die Flieger – egal ob Hubschrauber- oder Starrflüglerpiloten – alles riskierten, um Kollegen zu retten.

„Man wußte nie, was einen wie, wo und wann erwischen würde", wunderte sich der kampferprobte Bob Dawson. „Es gab Zeiten im Zweiten Weltkrieg, in denen man zu Sturzkampfangriffen auf eine Stadt flog und einige Minuten lang in großer Gefahr durch Flakfeuer war – aber die eineinhalb Stunden, die man für den Hinflug brauchte, und der eineinhalbstündige Rückflug waren verhältnismäßig ungefährlich. Air America war ein fortgesetztes, tagaus, tagein betriebenes Unternehmen, das Jahr für Jahr weiterarbeitete. In Laos war vielleicht acht Jahre lang für sechs, acht oder zehn Stunden pro Tag jede Landung, jeder Start, jeder Steigflug, jeder Landeanflug und jeder Streckenflug gefährlich."

Die Gefahren wuchsen, als amerikanische und südvietnamesische Truppen im Jahre 1970 nach Kambodscha vorstießen. Bis zu jenem Zeitpunkt hatten die Vereinigten Staaten einen offenen Krieg in Vietnam und einen geheimen Krieg im benachbarten Laos geführt. Der neue Kriegsschauplatz Kambodscha verbesserte die Lage der Amerikaner nicht, sondern bedeutete den Anfang vom Ende. Die gesamte Entwicklung des Krieges in Indochina verlief zuungunsten der Vereinigten Staaten und der von ihnen in Saigon, Vientiane und zuletzt auch in Phnom Penh unterstützten Regierung. In Laos brach eine kommunistische Offensive los, die trotz verzweifelter amerikanischer Anstrengungen nicht zum Stehen gebracht werden konnte. Die Nordvietnamesen und der Vietcong brachten immer größere Teile Südvietnams unter ihre Kontrolle. In Kambodscha gingen kommunistische Truppen zum Gegenangriff vor, schlossen Phnom Penh ein und belagerten die dort stationierten Regierungstruppen sowie das kleine Kontingent amerikanischer Diplomaten und Militärberater.

Nachschub- und Lebensmitteltransporte für die eingeschlossene Stadt mußten die einzige noch mögliche Route nehmen: mit Schleppkähnen aus dem noch sicheren Raum Saigon den Mekong hinauf. Diese Route lag unter vernichtendem kommunistischen Raketen- und Artilleriebeschuß von beiden Flußufern aus. Als der Belagerungsring um Phnom Penh sich enger schloß, setzte die Stadt verzweifelt auf den Luftweg und verschiedene drittklassige Charterfluggesellschaften.

Selbst Weird Hansen mußte zugeben, daß die Fliegerei in Kambodscha „ein wirklich sonderbares Unternehmen" war. Ende der sechziger Jahre war Hansen mit seinem in Laos verdienten Geld nach Neuseeland gegangen, um dort eine Ranch aufzubauen, aber das Projekt war fehlgeschlagen – wie es oft passiert, wenn Söldnerpiloten seßhaft zu werden versuchen. Er war mittellos nach Indochina zurückgegangen und flog schließlich in Kambodscha eine C-46, die einer Gesellschaft mit dem eigenartigen Namen Work Together Airline gehörte.

„Jeder, der Lust hatte, die Betriebserlaubnis für eine Fluggesellschaft zu beantragen, konnte sie von der Regierung bekommen", kommentierte Hansen später. „Das Militär brauchte Versorgungsflüge. Chinesische Spediteure kontrollierten den Markt für landwirtschaftliche Produkte, aber sie konnten ihre Lastwagen nicht mehr auf den Straßen fahren lassen und brauchten ebenfalls Fluggesellschaften. Das Dumme war nur, daß sie bei Flugzeugen vorn und hinten nicht unterscheiden konnten." Die Flugunternehmer kauften schrottreife Maschinen und flickten sie aus Mangel an Reparaturmaterial mit flachgeklopften Aluminium-Bierdosen zusammen. Die Zündmagnete von Hansens C-46 waren so abgenutzt, daß sein Flugzeug, das normalerweise eine Mindeststartgeschwindigkeit von 170 Stundenkilometern benötigte, nur noch etwa 130 Stundenkilometer erreichte. Nach dem Start konnte er nur langsam und in geringer Höhe über den Dschungel fliegen, so daß er froh war, daß so viele kommunistische Aufständische nur schlechte Schützen waren.

Im Herbst 1974 waren die kommunistischen Richtschützen zielsicherer geworden und schossen von beiden Mekongufern aus so gut, daß es offensichtlich nur noch eine Frage der Zeit war, wann diese Lebensader des Nachschubs unterbrochen werden würde. Dann mußten alle Versuche, das Regime in Phnom Penh zu stützen, zwecklos sein – es sei denn, man konnte auf der Stelle eine gewaltige Luftbrücke errichten. In Bangkok trafen amerikanische Kommandeure zu ganzen Serien von Krisenbesprechungen zusammen. Dann schickten sie einen Wagen quer durch die Stadt, um Bill Bird aus dem Büro seiner Baufirma und Hubschrauberfluggesellschaft holen zu lassen.

Piloten der Air America heben im Jahre 1972 einen verwundeten Soldaten der vom CIA unterstützten laotischen Armee auf einen Hauptverbandsplatz. Die Fluggesellschaft bekannte sich zu ihren humanitären Einsätzen in Laos – Abwürfe von Reis, Decken und Medikamenten –, sprach aber nie von dem abgeworfenen „harten Reis", der aus Bomben, Waffen und Munition bestand.

William H. Bird (links), der Gründer der Fluggesellschaft Bird Air, spricht im März 1975 in Thailand mit einem Offizier der amerikanischen Luftwaffe. Nachdem unzufriedene Söldnerpiloten die Rolle der Air America bei den Kämpfen in Südostasien angeprangert hatten, charterten die Vereinigten Staaten Birds Maschinen, um die antikommunistischen Truppen mit Nachschub zu versorgen.

Das Pentagon steckte in einem Dilemma. Die Generäle wollten Phnom Penh halten, aber sie verfügten nicht über die nötigen Mittel. Der mit der Kriegführung in Südostasien unzufriedene Kongreß hatte dem Pentagon untersagt, amerikanische Truppen nach Kambodscha zu entsenden. Die Luftwaffe konnte keine Luftbrücke nach Berliner Vorbild einrichten, denn das Echo in Washington wäre ohrenbetäubend gewesen. Die Air America schied aus; sie wurde mittlerweile eindeutig mit dem CIA in Verbindung gebracht und war als staatseigene Fluggesellschaft bekannt. Auch die Continental Air Services schied aus, weil sie wegen ihrer zahlreichen Staatsaufträge in Laos und Vietnam ebenfalls mit dem CIA identifiziert wurden. Aber Bill Bird war ein privater Bauunternehmer, der fast zehn Jahre lang keine Starrflügler mehr eingesetzt hatte.

Die Generäle legten ihre Karten auf den Tisch: Konnte Bill Bird Zivilpiloten anwerben und sofort eine gewaltige Luftbrücke nach Phnom Penh einrichten, wenn das Pentagon ihm riesige Transporter des Typs C-130 ohne militärische Kennzeichen leihweise zur Verfügung stellte? Der große Stützpunkt der amerikanischen Luftwaffe im thailändischen Utapao sollte ihm ganz zur Verfügung stehen. Die Be- und Entladung der Maschinen würde überdies von speziell dafür ausgebildetem Bodenpersonal übernommen werden.

Bird erklärte sich mit einem Versuch einverstanden und begann mit der Anwerbung. Die meisten Piloten waren ehemalige Offiziere. „Es war nicht leicht, jemand zu finden, der die C-130 fliegen konnte", erklärte Bird neugierigen Reportern später. Manche Piloten wie Chris Rice hatten inzwischen bei Luftverkehrsunternehmen angefangen und gingen wegen der hohen Gehälter – bis zu 4500 Dollar im Monat – zu der neuen Bird Air.

Rice und weitere neun Piloten starteten mit ihren unbewaffneten C-130 dreimal pro Tag in Utapao und transportierten jeweils 25 Tonnen Munition, Treibstoff und Verpflegung für die eingeschlossene kambodschanische Hauptstadt und andere Stützpunkte der Regierungstruppen. Im Januar 1975 war die Versorgungsroute den Mekong hinauf unterbrochen. Die Schleppzüge kamen nicht mehr durch, und der Flughafen von Phnom Penh lag unter ständigem Feuer, als die Kommunisten ihren Belagerungsring immer enger zogen.

Um nicht abgeschossen zu werden, führten Rice und die anderen einen eigenartigen Landeanflug durch. Sie blieben in großer Höhe außer Reichweite der feindlichen Luftabwehr, bis sie sich direkt über dem Platz befanden. Dann gingen sie in Spiralen tiefer, wobei sie nach anderen Maschinen Ausschau hielten. Ein Besatzungsmitglied mit einer Leuchtpistole achtete ständig auf feindliche Luftabwehrraketen des Typs SA-7 mit Infrarotsuchkopf, die deutlich erkennbar waren, wenn sie sich korkenzieherartig emporschraubten. Sobald eine Rakete abgeschossen wurde, schoß der Mann eine Leuchtkugel ab, die langsam in die Tiefe sank und die Rakete ablenkte. Wegen der feindlichen Raketen war der Aufenthalt auf dem Flugplatz ebenso gefährlich wie das Kreisen über dem Platz. Der Pilot rollte nach der Landung sofort zum Vorfeld, wo Gabelstapler bereitstanden, um die palettierte Fracht auszuladen. Die Triebwerke liefen dabei weiter. Die Ladung von 25 Tonnen wurde manchmal in nur vier Minuten entladen. Dann dröhnten die C-130 nach Thailand zurück.

Zehn C-130 flogen je drei Einsätze pro Tag – insgesamt 30 Flüge pro Tag, mit denen 750 Tonnen kostbaren Nachschubs befördert wurden. Aber das genügte nicht. Phnom Penh war verloren und Saigon und Vientiane ebenfalls. Während die Luftbrücke nach Phnom Penh mühsam aufrechterhalten wurde, wurde Bill Bird zu einer weiteren Besprechung gebeten. Er erfuhr, daß er sich einen noch größeren Auftrag verdient hatte:

Während Saigon im April 1975 von kommunistischen Truppen eingenommen wird, sammeln sich Flüchtlinge auf dem Dach eines Gebäudes in der Innenstadt, auf dem ein Hubschrauber der Air America für sie bereitsteht. Die Fluggesellschaften Air America und Bird Air evakuierten Tausende von Amerikanern und Südvietnamesen.

Er sollte mithelfen, Flüchtlinge aus drei Ländern zu evakuieren. In Südvietnam sollten die Bird Air, Air America und Continental sowie ein halbes Dutzend weiterer amerikanischer Charterfluggesellschaften gemeinsam Flüchtlinge vor den anrückenden Nordvietnamesen in Sicherheit bringen. In Laos hatte die Bird Air den Auftrag, die letzten Gruppen amerikanischer Diplomaten und die letzten Trupps von Meo-Guerillas aus der Ebene der Tonkrüge auszufliegen. Und in Kambodscha sollte die Bird Air nur so viele Botschaftsangehörige zurücklassen, wie in letzter Minute per Hubschrauber evakuiert werden konnten.

In der etwa in der Mitte der südvietnamesischen Küste gelegenen Stadt Nha Trang gerieten Flüchtlinge in Panik, stürmten die Rettungsflugzeuge und kämpften darum, an Bord zu gelangen. Manche gerieten dabei in die laufenden Propeller. In Da Nang, weiter im Norden, kam es zu noch schlimmeren Szenen. In einem Fall klammerten sich verzweifelte Flüchtlinge noch ans Fahrwerk einer startenden Maschine – sie wurden in den Fahrwerksschächten zerquetscht oder erfroren, wenn das Flugzeug seine Reiseflughöhe erreichte.

Bill Bird leitete seine weitverzweigten Operationen von dem Saigoner Flughafen Tan Son Nhut aus. Er fürchtete vor allem, daß seine Flugzeuge von südvietnamesischen Truppen mit Waffengewalt gekapert und zur Flucht verwendet werden könnten. Deshalb flogen die Maschinen, die tagsüber Tausende von Flüchtlingen nach Süden gebracht hatten, abends nach Hongkong, Bangkok oder Singapur. Sie flogen jeden Morgen mit Reis für eine Insel vor der Küste zurück, damit die Flüchtlinge, die in offenen Booten die Küste entlang nach Süden strömten, ernährt werden

Ein amerikanischer Kopilot, der seine Maschine nicht überladen will, versetzt einem vietnamesischen Flüchtling, der sich an eine DC-6 der Bird Air klammert, einen Kinnhaken. „Wir schlossen die Türen", erinnerte sich ein Rettungspilot, „und die Leute zogen sich gegenseitig auf die Tragflächen und trommelten an die Fenster."

konnten. Nachdem der Reis ausgeladen war, beförderten die Flugzeuge tagsüber wieder Flüchtlinge. Da die südvietnamesische Hauptstadt nicht mehr aufnahmefähig war, wurden die zahllosen Flüchtlinge bald nicht mehr nach Saigon transportiert. Statt dessen wurden die aus den nördlichen Landesteilen flüchtenden Vietnamesen zur Cam-Ranh-Bucht am Südchinesischen Meer gebracht, wo sie zumindest eine Chance hatten, mit Booten weiterfliehen zu können.

Das letzte in Nha Trang startende Flugzeug war eine DC-6 der Bird Air. Nachdem die Maschine mit Flüchtlingen vollgepackt worden war, konnte die Besatzung wegen des Gedränges die Tür nicht schließen. Der Kopilot drückte, stieß und boxte, um die Menschen von der Tür zurückzudrängen, aber als die Tür endlich geschlossen war, ließ die Fluggasttreppe sich nicht mehr wegschieben. Der Bordingenieur ließ sich an einem Seil aus dem Cockpit hinunter, arbeitete sich zu der fahrbaren Treppe vor und schleppte sie mit einem Jeep zur Seite. Dann lief er zu dem Seil zurück, um wieder ins Cockpit hinaufzuklettern. Während die Besatzung ihn nach oben hievte, versuchten die Menschen, an ihm hinaufzuklettern. Er wurde endlich ins Cockpit gezogen, und das Flugzeug rollte an. Aber die Menge weigerte sich, die Startbahn freizugeben. Einige verzweifelte Vietnamesen warfen sich sogar in die Propeller, als die Maschine schließlich zum Start davonrollte. „Es war ein völliges Chaos", sagte Bird.

In Saigon kam der Zusammenbruch so rasch, daß keiner der schon Jahre zuvor sorgfältig aufgestellten Evakuierungspläne funktionierte. Bill Bird hielt sich in der Einsatzzentrale der Air America auf, als feindliche Bomber den Flughafen angriffen. Detonierende 250-kg-Bomben ließen den Erdboden erzittern. Eine C-130 der Bird Air befand sich im Landeanflug, aber Bird schickte sie über Funk weg. Auf dem Flughafen stand Birds eigene Maschine: eine zweimotorige Beech Bonanza. Er hatte sich vertraglich verpflichtet, ein Fernsehteam der amerikanischen National Broadcasting Company auszufliegen, und am Spätnachmittag, kurz nach Beginn des Luftangriffs, kam das NBC-Kamerateam auf den Flughafen Tan Son Nhut gerast und meldete sich abflugbereit.

Während feindliche Raketen auf dem Platz einschlugen, ging Bird nach draußen, um nachzusehen, ob seine Bonanza beschädigt worden war. Aber er kehrte bald um. Auf der Rollbahn wimmelte es von Flüchtlingen auf Motorrädern, die verzweifelt eine Fluchtmöglichkeit aus der kurz vor dem Fall stehenden südvietnamesischen Hauptstadt suchten. „Die Leute schossen aufeinander", erinnerte Bird sich später, „und auf alles, was sich bewegte." Bird teilte dem NBC-Kamerateam mit, daß der Abflug erst im Morgengrauen stattfinden werde. Dann gab er Feldrationen aus Armeebeständen und kaltes Bier aus.

Nachts schlugen weitere Raketen ein, aber als Bird bei Tagesanbruch im Kontrollturm anrief, bekam er die Auskunft, auf dem Platz sei alles ruhig. Er teilte den Fluglotsen mit, der Start der Bonanza stehe unmittelbar bevor. Die Maschine war siebensitzig, aber zwölf Personen schafften es, sich an Bord zusammenzudrängen. Bird blieb zurück und beobachtete sorgenvoll, wie das kleine Flugzeug die Startbahn hinabbrummte und sicher abhob.

Auf dem Flughafen blieb es nicht lange ruhig. Vormittags setzte erneut Raketenbeschuß ein, der Starts und Landungen immer gefährlicher machte. Einem südvietnamesischen Erdkampfflugzeug des Typs C-119 gelang der Start, und Bird verfolgte, wie es die feindliche Stellung aufspürte, deren Boden-Luft-Raketen viele der an- und abfliegenden Maschinen beschädigt oder vernichtet hatten. Das Erdkampfflugzeug flog langsam einen Vollkreis, wobei es die Raketenstellung unter schweres Feuer nahm. Aber eine sich in die Höhe schlängelnde SA-7-Rakete steuerte eines der beiden Kolbentriebwerke an, und die C-119 verwandelte sich in einen Feuerball.

Auf dem Vorfeld brannte bereits ein weiteres Flugzeug, eine C-130. Eine halbe Minute später explodierte das nächste, dann ein drittes.

Das Ende stand offensichtlich bevor, und Bird beschloß, sich aus dem Staub zu machen. Ein Hubschrauber des amerikanischen Marinekorps evakuierte das Personal des Befehlsstandes von Tan Son Nhut. Bird ging mit an Bord und wurde auf ein amerikanisches Kriegsschiff im Südchinesischen Meer gebracht, das zu einer riesigen Flotte gehörte, die die Flüchtlinge aus Saigon aufnahm. Die letzten Stunden des Tages waren angefüllt mit knatternden Hubschraubern, die über Hausdächern schwebten, um die restlichen Flüchtlinge zu holen. Dann fiel Saigon.

Der kommunistische Sieg in Vietnam setzte den langen Indochinakriegen ein Ende und schien auch das Ende einer Ära des Söldnertums in der Fliegerei zu signalisieren, das die Phantasie der Öffentlichkeit von den Tagen der Lafayette-Staffel und der Flying Tigers an beschäftigt hatte. Zumindest zeitweilig mußten abenteuerlustige Piloten sich mit nüchternerer Arbeit im Dienst arabischer Ölscheichs oder im Buschland operierender Fluggesellschaften zufriedengeben. Andere stiegen in das schmutzige Geschäft des Drogenschmuggels ein. Aber viele Söldnerpiloten hatten sich schon früher solchen Friedensbeschäftigungen zugewandt, nur um sich dann zu irgendeinem neuen Konflikt rufen zu lassen, der die einzigartige Kombination aus fliegerischem Können und Mut erforderte, die nur sie zu bieten haben. Früher oder später wird es zweifellos weitere Kriege und weitere Arbeit für die Glücksritter der Lüfte geben.

Ein Hubschrauber der Air America landet mit vietnamesischen Flüchtlingen an Bord auf dem Deck eines amerikanischen Kriegsschiffs im Südchinesischen Meer.

Danksagungen

Das Register dieses Buches wurde von Gale Linck Partoyan erstellt. Für ihre wertvolle Hilfe bei der Gestaltung dieses Bandes danken die Herausgeber: **In Belgien:** Brüssel – Eric David, Universität Brüssel; Anne Maaschalk. **In Dänemark:** Vedbæk – Pastor Viggo Mollerup. **In Finnland:** Helsinki – Oberstleutnant a. D. Erkki Heinliä, finnische Luftwaffe; Oberstleutnant a. D. Risto Pajara, finnische Luftwaffe. **In Frankreich:** Mesnil-Guyon – Jean Zumbach; Paris – Marianne de Fleury, Musée du Cinéma Henri Langlois; André Bénard, Odile Benoist, Elisabeth Bonhomme, Alain Degardin, Georges Delaleau, Gilbert Deloizy, Yvan Kayser, Général Pierre Lissarague, Direktor, Jean-Yves Lorent, Stéphane Nicolaou, Général Roger de Ruffray, stellvertretender Direktor, Colonel Pierre Willefert, Kurator, Musée de l'Air; Colonel Edmond Petit, Kurator, Musée Air-France; Toulouse – Patrick P. Laureau. **In Großbritannien:** London – Gerard Howson; Edna Lumb; Christopher Shores; Terence Spencer; Marjorie Willis, BBC Picture Library; Swindon – Brian Bridgeman. **In Israel:** Jerusalem – israelische Luftwaffe; Presseamt der israelischen Regierung. **In Italien:** Rimini – Nicola Malizia; Rom – Gräfin Maria Fede Caproni, Museo Aeronautico Caproni di Taliedo; Nino Arena. **In Mexiko:** Mexico City – José Villela Gomez; Adolf Villasenor. **In Schweden:** Bromma – Gräfin Gunvor von Rosen; Malmö – Bertil Rubin, AB Text Och Bilder; Stockholm – Graf Eric von Rosen. **In Spanien:** Algorta – Luis Ignacio de Azola Reyes; Barcelona – Associatión de Aviadores de la Republica; María Capdevila, Direktorin, Fundacion Figueres; Dr. José Luis Infiesta Perez; Madrid – Pilar Colar, Chefredakteurin, Ediciones Urbión; Rufo Gamazo, Direktor, Staatliche Nachrichtenmedien; Manuel González; Oberst i. G. Jesús Salas de Larrazábal, Verteidigungsministerium; Oberst Emilio Dáneo Palacios, Leiter des Presse- und Informationsamtes im Oberkommando der Luftstreitkräfte, spanische Luftwaffe; Javier de Juan y Penalosa, Herausgeber, Ediciones Urbión; Hauptmann Ramón Hidalgo Salazar, spanische Luftwaffe; Sabadell – Juan Romeu Moratonas. **In den Vereinigten Staaten:** In Kalifornien – William Bird; Dick Rossi; Bill Blackbeard, Barbara Tiger, San Francisco Academy of Comic Art; Eric Shilling; R. T. Smith; John Underwood; Colonel John M. Williams, San Diego Aero-Space Museum; in Massachusetts – Victor Berch; in Nevada – James Hinds; in Texas – Richard Estrada; David Lee Hill; in Virginia – Charles Mott.
Besonders nützliche Quellen waren: Biographic Files, National Air and Space Museum, Smithsonian Institution, Washington, D.C.; *Air America* von Christopher Robbins, G. P. Putnam's Sons, 1979; *The Nigerian Civil War* von John de St. Jorre, Hodder and Stoughton, London 1972; *Some Still Live: Experiences of a Fighting-plane Pilot in the Spanish War* von F. G. Tinker, Lovat Dickson, London 1938.

Bibliographie

Bücher

Arnold, H. H.: *Global Mission.* Harper & Brothers, 1949
Bowers, Peter M.: *Curtiss Aircraft: 1907–1947.* Putnam, London 1979
Chennault, Anna: *Chennault and the Flying Tigers.* Paul S. Eriksson, Inc., 1963
Christy, Joe, und Ethell, Jeff: *P-40 Hawks at War.* Ian Allan, London 1979
Francillon, René: *Japanese Aircraft of the Pacific War.* Putnam, London 1970
Goulart, Ron: *The Adventurous Decade.* Arlington House Publishers 1975
Hall, Bert, und Niles, John J.: *One Man's War: The Story of the Lafayette Escadrille.* John Hamilton Limited, London 1929
Hempstone, Smith: *Rebels, Mercenaries, and Dividends: The Katanga Story.* Frederick A. Preager, 1962
Hoare, Mike: *Congo Mercenary.* Robert Hale, London 1967
Holtz, Robert (Hrsg.):
Way of a Fighter: The Memoirs of Claire Lee Chennault. G. P. Putnam's Sons, 1949
With General Chennault: The Story of the Flying Tigers. Coward-McCann, 1943
Horn, Maurcie (Hrsg.): *The World Encyclopedia of Comics.* Chelsea House Publishers, 1976
July, Robert W.: *A History of the African People.* Charles Scribner's Sons, 1970
Karolevitz, Robert F., und Fenn, Ross: *Flight of Eagles: The Story of the American Kosciuszko Squadron in the Polish-Russian War, 1919–1920.* Brevet Press, Inc., 1974
Larrazábal, Jesús Salas de: *Air War Over Spain.* Ian Allen, London, 1969
Madsen, Axel: *Malraux: A Biography.* William Morrow & Co., 1976
Meyer, Karl E., und Szulc, Tad: *The Cuban Invasion: The Chronicle of a Disaster.* Frederick A. Preager, 1962
Michalczyk, John J.: *André Malraux's Espoir: The Propaganda/Art Film and the Spanish Civil War.* Romance Monographs, 1977
Mockler, Anthony: *The Mercenaries.* The Macmillan Company, 1969
Mok, Michael: *Biafra Journal.* Time-Life Books, 1969
Nalty, Bernard C.: *Tigers over Asia.* Elsevier-Dutton, 1978
Nowarra, Heinz, und Duval, G. R.: *Russian Civil and Military Aircraft 1884–1969.* Fountain Press, London 1970
Nugent, John Peer: *The Black Eagle.* Stein and Day, 1971
Parson, Edwin C.: *I Flew with the Lafayette Escadrille.* Arno Press, 1972
Robbins, Christopher: *Air America.* G. P. Putnam's Sons, 1979
St. Jorre, John de: *The Nigerian Civil War.* Hodder and Stoughton, London 1972
Thayer, George: *The War Business: The International Trade in Armaments.* Simon and Schuster, 1979
Thomas, Hugh: *The Spanish Civil War.* Harper & Row, 1977
Tinker, F. G.: *Some Still Live: Experiences of a Fighting-plane Pilot in the Spanish War.* Lovat Dickson, London 1938
Tuchman, Barbara W.: *Stilwell and the American Experience in China, 1911–1945.* Macmillan Publishing Co., 1975
Wise, David, und Ross, Thomas B.: *The Invisible Government.* Random House, 1974
Wyden, Peter: *Bay of Pigs: The Untold Story.* Simon and Schuster 1979

Zeitschriften

„Aeroplanes in the Balkans". *Aeronautics,* Dez. 1913
Brown, David A.: „Turbo-Porter Displays Exceptional STOL". *Aviation Week and Space Technology,* 5. Oktober 1964
Cynzk, Jerzy B.: „Kosciuszko Squadron". *Air Pictorial,* September 1965
Herr, Allen: „American Pilots in the Spanish Civil War". *Journal of American Aviation Historical Society,* Herbst 1977
Jones, Ernest: „The Air War in Mexico". *Chirp,* Dezember 1940
„Of Chaika and Chato . . . Polikarpov's Fighting Biplanes". *Air Enthusiast 11,* November 1979 – Februar 1980
Scarborough, Bill: „Whitey Dahl's Luck Couldn't Last". *Climax,* Oktober 1957
Smith, Richard K.: „Rebel of '33". *Shipmate* (U.S. Naval Academy Alumni Assn.), März 1977
„Sweden's Muscular Minimus: The Saab Supporter-Safari". *Air International,* Januar 1975

Quellennachweis der Abbildungen

Die Nachweise sind bei Abbildungen von links nach rechts durch Semikolons, von oben nach unten durch Gedankenstriche getrennt. Einband und Vorsatzblatt: Gemälde von John Young.
6, 7: Dmitri Kessel, m. frdl. Gen. Musée de l'Air, Paris. 8, 9: Dmitri Kessel, m. frdl. Gen. Musée de l'Air, Paris; m. frdl. Gen. Sammlung Adolfo Villasenor, Mexiko. 10, 11: Dmitri Kessel, m. frdl. Gen. Musée de l'Air, Paris – m. frdl. Gen. Sammlung Adolfo Villasenor, Mexiko. 12, 13: Dmitri Kessel, m. frdl. Gen. Musée de l'Air, Paris. 14, 15: Gemälde von Ed Valigursky. 17: BBC Hulton Picture Library, London. 20: Leon Dishman, m. frdl. Gen. National Air and Space Museum, Smithsonian Institution. 21: Dmitri Kessel, m. frdl. Gen. Musée de l'Air, Paris. 22: National Air and Space Museum, Smithsonian Institution. 24, 25: Zeichnungen von John Batchelor. 28, 29: John W. Underwood Collection. 30, 31: Soubiran Collection, National Air and Space Museum, Smithsonian Institution, Negativ-Nr. A48755-L. 33: m. frdl. Gen. Bert Hall jr. 34–38: aus *Flight of Eagles* von Robert F.

Karolevitz und Ross S. Fenn, Brevet Press, Inc., 1974. 40, 41: Culver Pictures. 43: Wide World. 47: Julien Segnaire, La Celle-St.-Cloud, Frankreich – Dmitri Kessel, m. frdl. Gen. Musée du Cinéma Henri Langlois, Paris. 48: © Patrick P. Laureau, Toulouse – Julien Segnaire, La Celle-St.-Cloud, Frankreich. 49: Black Star. 51: UPI. 52: Culver Pictures. 54, 55: © Patrick P. Laureau, Toulouse. 56, 57: Zeichnung von John Batchelor. 60: Angelo Emiliani, Faenza, Italien. 63: © Patrick P. Laureau, Toulouse. 64: Wide World. 65: Newsphotos. 66, 67: Abdruck mit Genehmigung. © N.E.A., Inc., 1933, und m. frdl. Gen. San Francisco Academy of Comic Art. 68, 69: m. frdl. Gen. Associated Press News Features und San Francisco Academy of Comic Art. 70, 71: Abdruck mit Genehmigung von Chicago Tribune-New York News Syndicate. Inc. und m. frdl. Gen. San Francisco Academy of Comic Art. 72, 73: R. T. Smith. 77: m. frdl. Gen. Mrs. Ivaloo Watson und John Williams. 78, 79: m. frdl. Gen. San Diego Aero-Space Museum – John W. Underwood Collection (2); C. J. Ehrengardt, le Perreaux, Frankreich. 80: John W. Underwood Collection. 81: Carl Mydans für *Life*. 82: John W. Underwood Collection. 86, 87: Karten von Walter Roberts. 88: aus *A Photographic History of the Flying Tigers* von Larry M. Pistole, Moss Publications, 1981. 89: Imperial War Museum, London. 90: Graphic Photo Union. 91: m. frdl. Gen. David Lee Hill. 92, 93: Zeichnung von John Batchelor. 94: aus *A Photographic History of the Flying Tigers* von Larry M. Pistole, Moss Publications, 1981. 97: David Lee Hill. 98: m. frdl. Gen. R. T. Smith – R. T. Smith. 100: Robert Hunt Library, London. 102, 103: Charles D. Mott, außer rechts oben, aus *A Photographic History of the Flying Tigers* von Larry M. Pistole, Moss Publications, 1981. 104, 105: m. frdl. Gen. Dick Rossi – m. frdl. Gen. David Lee Hill; Charles D. Mott; George Rodger für *Life*. 106, 107: Wide-World – Clare Boothe Luce, m. frdl. Gen. Eric Shilling; David Lee Hill. 108, 109: AB Text Och Bilder, Malmö, Schweden. 110: Süddeutscher Verlag, Bilderdienst, München. 113: AB Text Och Bilder, Malmö, Schweden. 114: Karte von Walter Roberts. 115: m. frdl. Gen. Jean Zumbach, le Mesnil-Guyon, Frankreich. 117: Vereinte Nationen. 121: Ghislaine Morel. 123: Don Dornan. 125–127: Terence Spencer, London. 129: Karte von Walter Roberts. 131: Hauptmann Keith Sissons, Rye, Sussex – Romano Cagnoni, London. 132: Hubert Le Campion. 134, 135: Zeichnung von John Batchelor. 137: Jacob Forsell, Pressens Bild/Photo Reporters. 138–143: Terence Spence, London. 144, 145: Vint Lawrence. 148, 149: m. frdl. Gen. Eric Shilling. 150, 151: Jack Birns für *Life*. 152: Eric Shilling. 155: Bob Henriques von Magnum. 156: Vint Lawrence. 157: John F. Guilmartin jr. 158: Karte von Walter Roberts. 159: m. frdl. Gen. William H. Bird. 160, 161: Zeichnung von John Batchelor. 162: m. frdl. Gen. William H. Bird. 166: Nancy Moran, m. frdl. Gen. *New York Times*. 167: m. frdl. Gen. William H. Bird. 168, 169: UPI. 170, 171: U.S. Navy.

Register

Kursiv gedruckte Seitenzahlen verweisen auf eine Abbildung zu dem betreffenden Stichwort.

Reprosatz: Alfred Utesch GmbH, Hamburg
Druck: Novograph, S. A., Madrid, Spanien
Depósito Legal: M-22306-XXV